国家哲学社会科学重大招标项目"三峡库区独特地理单元'环境 - 经济 - 社会'发展变化研究"（11Z&D161）
国家社会科学基金项目（12BGL129,14CJL031）
"三峡库区百万移民安稳致富国家战略"服务国家特殊需求博士人才培养项目
中央财政支持地方高校发展专项资金应用经济学学科建设项目

"十二五"国家重点图书出版规划项目

长江上游地区经济丛书

长江上游
生态文明研究

文传浩　胡江霞　王兆林
代富强　余玉湖/著

科学出版社

北京

图书在版编目(CIP)数据

长江上游生态文明研究/文传浩等著. —北京：科学出版社，2016
（长江上游地区经济丛书）
ISBN 978-7-03-049016-2

Ⅰ.① 长…　　Ⅱ.① 文…　　Ⅲ.① 长江流域-上游-生态-文明-研究
Ⅳ.① X321.2

中国版本图书馆 CIP 数据核字(2016)第 141106 号

责任编辑：杨婵娟 / 责任校对：何艳萍
责任印制：徐晓晨 / 封面设计：铭轩堂
编辑部电话：010-64035853
Email：houjunlin@mail.sciencep.com

科 学 出 版 社 出版
北京东黄城根北街 16 号
邮政编码：100717
http://www.sciencep.com
北京凌奇印刷有限责任公司 印刷
科学出版社发行　各地新华书店经销
*
2016 年 9 月第 一 版　　开本：B5(720×1000)
2021 年 1 月第四次印刷　印张：14 3/4
字数：225 000
定价：75.00 元
（如有印装质量问题，我社负责调换）

"长江上游地区经济丛书"指导专家

30 余年的改革开放，从东到西、由浅入深地改变着全国人民的观念和生活方式，不断提升着我国的发展水平和质量，转变着我们的社会经济结构。中国正在深刻地影响和改变着世界。与此同时，世界对中国的需求和影响，也从来没有像今天这样突出和巨大。经过30余年的改革开放和10余年的西部大开发，我们同样可以说，西部正在深刻地影响和改变着中国。与此同时，中国对西部的需求和期盼，也从来没有像今天这样突出和巨大。我们在这样的背景下，开始国家经济、社会建设的"十二五"规划，进入全面建成小康社会的关键时期，迎来中国共产党第十八次全国代表大会的召开。

包括成都、重庆两个西部最大的经济中心城市和几乎四川、重庆两省(直辖市)全部土地，涉及昆明、贵阳两个重要城市和云南、贵州两省重要经济发展区域的长江上游地区，区域面积为 100.5 万 km²，占西部地区 12 省(自治区、直辖市)总面积的 14.6%，占全国总面积的 10.5%，集中了西部 1/3 以上的人口，1/4 的国内生产总值。它北连甘、陕，南接云、贵，东临湘、鄂，西望青、藏，是西部三大重点开发区中社会发展最好、经济实力最强、开发条件最佳的区域。建设长江上游经济带以重庆、成都为发展中心，以国家制定的多个战略为指导，将四川、重庆、云南、贵州的利益紧密结合起来，通过他们的合作使长江上游经济带建设上升到国家大战略的更高层次，有着重要的现实意义。

经过改革开放的积累和第一轮西部大开发的推动，西部地区起飞的基础已经具备，起飞的态势已见端倪，长江上游经济带在其中发挥着举足轻重的作用。新一轮西部大开发战略从基础设施建设、经济社会发展、人民生活保障、生态环境保护等多个方面确立了更加明确的目标，为推动西部地区进一步科学良性发展提供了纲领性指导。新一轮西部大开发的实施也将从产业结构升级、城乡统筹协调、生态环境保护等多个方面为长江上游经济带提供更多发展机遇，更有利于促进长江上游经济带在西部地区经济主导作用的发挥，使之通过自身的发展引领、辐射和服务西部，通过新一轮西部大开发从根本上转变西部落后的局面，推动西部地区进入工业化、信息化、城镇化和农业现代化全面推进的新阶段，促进西部地区经济社会的和谐稳定发展。

本丛书是"十二五"国家重点图书出版规划项目，由教育部人文社会科学重点研究基地重庆工商大学长江上游经济研究中心精心打造，是长江上游经济研究中心的多名教授、专家经过多年悉心研究的成果，涉及长江上游地区区域经济、区域创新、产业发展、生态文明建设、城镇化建设等多个领域。长江上游经济研究中心(以下简称中心)作为教育部在长江上游地区布局的重要人文社会科学重点研究基地，在"十一五"期间围绕着国家，特别是西部和重庆的重大发展战略、应用经济学前沿及重大理论与实践问题，产出了一批较高水平的科研成果。"十二五"期间，中心将在现有基础上，加大科研体制、机制改革创新力度，探索形成解决"标志性成果短板"的长效机制，紧密联系新的改革开放形势，努力争取继续产出一批能得到政府、社会和学术界认可的好成果，进一步提升中心在国内外尤其是长江上游地区应用经济学领域的影响力，力争把中心打造成为西部领先、全国一流的人文社会科学重点研究基地。

本丛书是我国改革开放 30 余年来第一部比较系统地揭示长江上游地区经济社会发展理论与实践的图书，是一套具有重要现实意义的著作。我们期盼本丛书的问世，能对流域经济理论和区域经济理论有所丰富和发展，也希望能为从事流域经济和区域经济研究的学者和实际工作者们提供翔实系统的基础性资料，以便让更多的人了解熟悉长江上游经济带，为长江上游经济带的发展和西部大开发建言献策。

王崇举

2013 年 2 月 21 日

序言
Foreword

　　长江上游地区拥有长江流域 60%以上的面积，不仅是我国西部地区重要的经济增长极，更是长江流域乃至全国的重要生态屏障，因此，长江上游地区经济社会发展及生态文明建设势必对整个西部地区产生重要影响。

　　2016 年 1 月，习近平总书记调研重庆时强调"长江拥有独特的生态系统，是我国重要的生态宝库。当前和今后相当长一个时期，要把修复长江生态环境摆在压倒性位置，共抓大保护，不搞大开发"。习近平总书记对长江流域生态文明建设提出了一系列新思想、新论断、新要求，为长江上游地区正确处理经济发展与生态环境保护的关系指明了发展方向。长江上游地区必须主动服从服务于国家战略大局，牢固树立尊重自然、顺应自然、保护自然的生态文明理念，以建设生态文明为总目标，以改善生态和民生为总任务，创新实施生态经济文明、生态环境文明、生态社会文明、生态文化文明和生态政治文明的"新五位一体"建设模式，着力构建长江上游地区生态文明建设的政策法规体系和以生态文明为主导的行政考核体系，创建低碳高效的生态产业体系，构建循环发展的生态环境治理体系，培育繁荣发展的生态文化体系、和谐发展的生态社会体系，将长江上游地区打造成经济繁荣、低碳高效、生态良好、幸福安康、社会和谐的生态文明先行示范区，使绿水青山产生巨大的生态效益、经济效益、社会效益，使母亲河永葆生机活力。

全书共分九章，具体研究内容如下。

第一章从地理、生态、经济、文化四个维度对长江上游地区的范围进行了界定，将长江上游地区划分为自然地理区、生态功能区、经济区、文化区四个区域。本书主要从自然地理维度，探讨长江上游地区生态文明建设的诸多问题。

第二章探讨了生态文明建设的背景及基础。首先，从政治、经济、资源、环境四个维度，探讨了长江上游地区生态文明建设的背景；其次，收集和整理了我国近年来关于长江上游地区生态文明建设的政策，并从经济、环境、社会、文化、政治五个维度，探讨了长江上游地区生态文明建设的实践基础。

第三章围绕生态经济、生态环境、生态社会、生态文化、生态政治五个方面，阐述了长江上游典型地区（云南、贵州、四川、重庆）生态文明建设的现状及困境。

第四章探讨了长江上游地区生态文明建设的目标体系。该目标体系主要包括生态文明建设的理论框架、生态文明建设的总体目标及生态文明建设评价的指标体系。

由于生态文明建设主要包括生态经济文明建设、生态环境文明建设、生态社会文明建设、生态文化文明建设和生态政治文明建设五个方面，本书第五章～第九章主要结合长江上游典型地区（云南、贵州、四川、重庆）生态文明建设现状，分别从生态经济文明建设、生态环境文明建设、生态社会文明建设、生态文化文明建设、生态政治文明建设五个方面，探讨了长江上游典型地区（云南、贵州、四川、重庆）生态文明建设的基本内容。

本书由文传浩教授提出构思框架，拟定编写大纲，主持编写。本书编写人员如下：重庆工商大学长江上游经济研究中心文传浩教授，重庆三峡职业学院讲师、重庆工商大学博士生胡江霞，重庆工商大学旅游与国土资源学院王兆林博士、代富强博士，重庆工商大学马克思主义学院余玉湖博士。具体撰写分工如下：第一章：代富强，第二章：王兆林，第三章～第五章：胡江霞，第六章：王兆林，第七章～第九章：余玉湖。

本书的出版得到社会各界的广泛支持。感谢国家哲学社会科学规划办公室、教育部社会科学司、重庆市教育委员会等上级主管部门对本书研究工作的大力支持，感谢重庆工商大学孙芳城校长、何勇平副校长等对本书研究工作的鼎力指导，尤其感谢教育部人文社会科学重点研究基地的各位领导、专家和同仁的倾心奉献。中心名誉主任王崇举教授和杨继瑞教授、重庆市产业经济研究院院长廖元和研究员、西南政法大学铁燕副教授自始至终对本书研究工作都给予无私指导；重庆工商大学长江上游经济研究中心研究生兰秀娟、陈佳、黄磊、滕祥河、王钰莹、张雅文、秦方鹏也参加了研究和资料整理；科学出版社杨婵娟编辑认真细致、一丝不苟，为本书的出版付出了艰辛的努力，在此一并表示衷心的感谢！

　　由于编者水平有限，加之本书涉及长江上游很多地区生态文明建设的诸多内容，信息容量很大，资料收集难度较大，书中难免有不妥之处，欢迎各位读者批评指正。

文传浩

2015 年 12 月 1 日

Contents 目录

丛书序 ⋯⋯⋯⋯⋯⋯⋯⋯⋯⋯⋯⋯⋯⋯⋯⋯⋯⋯⋯⋯⋯⋯⋯⋯⋯ i

序言 ⋯⋯⋯⋯⋯⋯⋯⋯⋯⋯⋯⋯⋯⋯⋯⋯⋯⋯⋯⋯⋯⋯⋯⋯⋯⋯ iii

第一章　长江上游地区范围界定 ⋯⋯⋯⋯⋯⋯⋯⋯⋯⋯⋯⋯ 1

第一节　长江上游流域范围界定 ⋯⋯⋯⋯⋯⋯⋯⋯⋯⋯⋯ 1

一、我国流域和水系划分的主要方案 ⋯⋯⋯⋯⋯⋯⋯ 1

二、长江流域水系划分 ⋯⋯⋯⋯⋯⋯⋯⋯⋯⋯⋯⋯⋯ 2

三、长江上游流域范围的界定 ⋯⋯⋯⋯⋯⋯⋯⋯⋯⋯ 3

第二节　长江上游自然地理区范围 ⋯⋯⋯⋯⋯⋯⋯⋯⋯ 5

一、我国自然地理区划的主要方案 ⋯⋯⋯⋯⋯⋯⋯⋯ 5

二、长江上游自然地理区范围的界定 ⋯⋯⋯⋯⋯⋯⋯ 6

第三节　长江上游生态功能区范围 ⋯⋯⋯⋯⋯⋯⋯⋯⋯ 8

一、我国生态功能区划的主要方案 ⋯⋯⋯⋯⋯⋯⋯⋯ 8

二、长江上游生态功能区范围的界定 ⋯⋯⋯⋯⋯⋯⋯ 9

第四节　长江上游经济区范围 ⋯⋯⋯⋯⋯⋯⋯⋯⋯⋯⋯ 12

一、我国经济区划的主要方案 ……………………………………………… 12

二、长江上游经济带范围的界定 ………………………………………… 14

第五节 长江上游文化区范围 ……………………………………………… 15

一、我国文化区划的主要方案 …………………………………………… 15

二、长江上游文化区范围的界定 ………………………………………… 16

第二章 生态文明建设的背景及基础 …………………………………… 19

第一节 我国生态文明建设的背景、生态文明理论和政策梳理 …… 19

一、生态文明内涵阐释 …………………………………………………… 19

二、我国生态文明建设背景 ……………………………………………… 20

三、生态文明理论和政策的梳理总结 …………………………………… 31

第二节 长江上游地区生态文明建设的背景 ……………………………… 34

一、生态文明建设的政治背景 …………………………………………… 34

二、生态文明建设的经济背景 …………………………………………… 35

三、生态文明建设的资源背景 …………………………………………… 35

四、生态文明建设的环境背景 …………………………………………… 36

第三节 长江上游地区生态文明建设的基础 ……………………………… 37

一、关于长江上游地区生态文明建设的政策梳理 ……………………… 37

二、长江上游生态文明建设的实践基础 ………………………………… 54

第三章 长江上游地区生态文明建设的现状及困境 …………………… 59

第一节 长江上游地区生态文明建设的现状 ……………………………… 59

一、长江上游地区生态经济文明建设的现状 …………………………… 59

二、长江上游地区生态环境文明建设的现状 …………………………… 85

三、长江上游地区生态社会文明建设的现状 …………………………… 86

四、长江上游地区生态文化文明建设的现状 …………………………… 90

五、长江上游地区生态政治文明建设的现状 ……………………92

第二节　长江上游地区生态文明建设面临的困境 ……………93

一、长江上游地区生态经济文明建设所面临的困境 ……………93

二、长江上游地区生态环境文明建设所面临的困境 ……………95

三、长江上游地区生态社会文明建设所面临的困境 ……………99

四、长江上游地区生态文化文明建设所面临的困境 ……………100

五、长江上游地区生态政治文明建设所面临的困境 ……………101

第四章　长江上游地区生态文明建设的目标体系 ……………**103**

第一节　长江上游地区生态文明建设的理论框架 ……………103

一、生态文明建设的科学内涵、外延、特征 ……………………103

二、中国特色社会主义生态文明的五大特征 ……………………106

第二节　长江上游地区生态文明建设的目标和指标体系 ……108

一、总体目标 ……………………………………………………108

二、生态文明建设评价的指标体系 ………………………………109

第五章　长江上游地区生态经济文明建设的基本内容 ………**113**

第一节　云南省生态经济文明建设的基本内容 ………………113

一、云南省生态农业建设的基本内容 ……………………………114

二、云南省生态工业建设的基本内容 ……………………………115

三、云南省生态服务业建设的基本内容 …………………………118

第二节　贵州省生态经济文明建设的基本内容 ………………120

一、贵州省生态农业建设的基本内容 ……………………………121

二、贵州省生态工业建设的基本内容 ……………………………123

三、贵州省生态服务业建设的基本内容 …………………………125

第三节　四川省生态经济文明建设的基本内容··················128

　　一、四川省生态农业建设的基本内容··················129

　　二、四川省生态工业建设的基本内容··················131

　　三、四川省生态服务业建设的基本内容··················132

第四节　重庆市生态经济文明建设的基本内容··················135

　　一、重庆市生态农业建设的基本内容··················136

　　二、重庆市生态工业建设的基本内容··················137

　　三、重庆市生态服务业建设的基本内容··················140

第六章　长江上游生态环境文明建设的基本内容··················144

第一节　云南省生态环境文明建设的基本内容··················144

　　一、季风热带北缘热带雨林生态区··················144

　　二、高原亚热带南部常绿阔叶林生态区··················146

　　三、澜沧江、把边江中游中山山原季风常绿阔叶林、暖性针

　　　　叶林生态亚区··················147

　　四、亚热带（东部）常绿阔叶林生态区··················148

　　五、青藏高原东南缘寒温性针叶林、草甸生态区··················149

第二节　贵州省生态环境文明建设的基本内容··················149

　　一、水源涵养与水土保持区··················149

　　二、石漠化防治区··················150

　　三、生物多样性保护区··················150

　　四、工矿污染控制与生态恢复区··················150

　　五、生态保护区··················151

第三节　四川省生态环境文明建设的基本内容··················151

　　一、成都平原区··················152

　　二、盆地丘陵区··················153

三、盆周山地区 ··· 153

四、川南山地丘陵区 ·· 154

五、攀西地区 ··· 154

六、川西高山高原区 ·· 155

七、川西北江河源区 ·· 156

第四节 重庆市生态环境文明建设的基本内容 ··············· 157

一、都市功能核心区 ·· 158

二、都市功能拓展区 ·· 159

三、城市发展新区 ·· 161

四、渝东北、渝东南生态区 ·· 162

第七章 长江上游地区生态社会文明建设的基本内容 ············· **164**

第一节 云南省生态社会文明建设的基本内容 ··············· 165

一、建设节约型社会 ·· 165

二、云南省生态社区建设的基本内容 ································ 167

第二节 贵州省生态社会文明建设的基本内容 ··············· 169

一、建设节约型社会 ·· 169

二、贵州省生态社区建设的基本内容 ································ 171

第三节 四川省生态社会文明建设的基本内容 ··············· 172

一、建设节约型社会 ·· 172

二、四川省生态社区建设的基本内容 ································ 174

第四节 重庆市生态社会文明建设的基本内容 ··············· 174

一、建设节约型社会 ·· 174

二、重庆市生态社区建设的基本内容 ································ 177

第八章 长江上游地区生态文化文明建设的基本内容·················**180**

第一节 云南省生态文化文明建设的基本内容·················180

第二节 贵州省生态文化文明建设的基本内容·················181

第三节 四川省生态文化文明建设的基本内容·················183

第四节 重庆市生态文化文明建设的基本内容·················184

第九章 长江上游地区生态政治文明建设的基本内容·················**188**

第一节 云南省生态政治文明建设的基本内容·················189

第二节 贵州省生态政治文明建设的基本内容·················191

第三节 四川省生态政治文明建设的基本内容·················193

第四节 重庆市生态政治文明建设的基本内容·················194

参考文献·················**197**

附录·················**202**

附录一 生态文明建设评价指标的解释·················202

附录二 国家级生态市（区、县）、第一批生态文明先行示范区、国家级生态工业示范园区、已命名的生态村·········206

附录三 生态文明建设的发展历程梳理·················211

第一章
长江上游地区范围界定

第一节　长江上游流域范围界定

一、我国流域和水系划分的主要方案

流域是河流和水系在地面的集水区，即每一条河流和每一个水系获得补给的这部分陆地面积。一条河流或一个水系的地面集水区与地下集水区的范围并不完全一致，并且地下集水区很难直接测定。因此，在分析流域特征或进行水文计算时，通常只把地面集水区面积作为河流流域范围。由两个相邻集水区之间的最高点连接成的不规则曲线，即为两条河流或两个水系的分水线；任何河流或水系分水线内的范围，就是它的流域（伍光和等，2000）。

流域划分是水文气象预报的基础工作之一。流域划分方法主要有数字高程模型（Digital Elevation Model，DEM）流域自动分割法，基于水系图和 DEM 的人工划分法。为了明确研究范围，科学制定和有效实施流域管理政策，必须科学合理地划定不同级别流域之间的边界。关于我国流域划分，不同学者采用不同方法得到了不同的流域划分方案，其中国家级流域划分方案主要有以下 4 类。

方案一：主要考虑流域管理隶属关系。例如，《水利工程基础信息代码编制规定 SL213—98》将全国划分为黑龙江流域、辽河流域、海河流域、黄河流域、淮河流域、长江流域、浙闽台诸河流域、珠江流域，以及广西、云南、西藏、新疆诸国际河流和内流区流域 10 个一级流域。相应地，划分了 63 个二级流域（水系），但未明确规定一级、二级流域的具体边界及其划分的具体方法。

方案二：主要考虑水系分布。例如，国家测绘局公布的标准将全国划分为

10 个一级流域，57 个二级流域。与之相似的还有中国科学院地理科学与资源研究所在《中华人民共和国国家自然地图集》中的划分方法，该方法将全国划分为 14 个一级流域。

方案三：一种基于 DEM 的全国流域自动提取方法，以 1:25 万 DEM 数据为基础，依托地理信息系统平台，利用空间分析方法将我国划分为 14 个一级流域，并在每个一级流域内分别提取二级流域。该方法提取的流域数据与利用手工方法绘制的流域基本一致，具有一定的有效性（徐新良等，2004）。

方案四：采用 GIS 技术，在 DEM、水系和地貌分布数据的基础上，建立了我国一级流域划分方案，并将我国划分为 29 个一级流域（张国平等，2010）。将我国一级流域分为 6 种类型，针对每种类型建立了二级流域划分方案，并将全国划分为 90 个二级流域。建立了三级流域划分方案，将全国划分为 183 个三级流域。并为每个流域设计了 9 位字符串的流域编码。

二、长江流域水系划分

长江流域水系与长江干支流、大小湖泊关系非常复杂，一般情况下按水系进行划分。虽然各种水系划分方法存在一定差异，但基本上都是围绕长江干流及主要支流或湖泊进行区划（董耀华和汪秀丽，2013）。目前，普遍采用的长江流域水系划分方案主要有以下 4 种。

方案一：根据《中国河流名称代码（SL249—1999）》，遵循科学性、唯一性、完整性和可扩展性的编码原则，对流域面积大于 1000km^2，以及大型和重要中型水库、水闸等工程所在的河流进行编码。其中，长江流域划分为长江干流、雅砻江、岷江、嘉陵江、乌江、洞庭湖、汉江、鄱阳湖及太湖 9 个二级流域（水系）。

方案二：根据《长江防洪地图集》，长江流域划分为金沙江、上游干流区间、中游干流区间、下游干流区间、岷沱江、嘉陵江、乌江、洞庭湖、汉江、鄱阳湖、太湖 11 个水系。

方案三：根据《中国河湖大典（长江卷）》，长江流域划分为干流源头—雅砻江口—岷江口—嘉陵江口—乌江口—洞庭湖水系入口—汉江口—鄱阳湖水系入口—太湖水系入口 8 个干流区间和雅砻江、岷江、嘉陵江、乌江、洞庭湖、汉江、鄱阳湖、太湖 8 个水系。

方案四：将上述 3 种水系划分方案与河流分级 Horton 法相结合，通过合理选取最小河流（流域）单元、科学制作河流树状图表，将长江流域划分为干流水系与雅砻江、岷江、嘉陵江、乌江、洞庭湖、汉江、鄱阳湖、太湖 8 个支流水系（董耀华和汪秀丽，2013）。

三、长江上游流域范围的界定

长江干流自江源至湖北宜昌为上游，干流上游河段长 4504km，流域面积约 100 万 km^2，包括江源段、通天河下段、金沙江段和川江段（长江水利委员会水文局，2003）。

（一）江源段

江源段起于沱沱河源，止于楚玛尔河汇合口处，全长 624km。长江正源沱沱河源头位于青藏高原腹地，自唐古拉山脉中段各拉丹冬雪山群姜根迪如峰西南侧冰川海拔 5820m 雪线流出。雪山谷地段 44km 称纳钦曲，以下称沱沱河。自雪线起流程 346km，与南源当曲汇合于囊极巴陇，以下称通天河；自囊极巴陇东流 278km 与北源楚玛尔河汇合，此段为通天河上段。沱沱河和通天河上段，流经青海省格尔木市和玉树藏族自治州，河谷形态以浅谷宽谷为主，一般海拔 4000～5000m。

（二）通天河下段

楚玛尔河汇合口以下至玉树巴塘河口为通天河下段，长约 550km，河谷渐趋弯曲、狭窄，水流较急。河谷呈现高山深谷地貌，并发育有典型的深切河曲。自汇合口至登额曲河口平均坡降约为 1.1‰，登额曲河口至巴塘河口平均坡降约 1.5‰。此段汇入的支流，主要有邦巴涌、色吾曲、登恩涌、聂恰曲、德曲、细曲、益曲、巴塘河等。

（三）金沙江段

巴塘河口以下至四川省宜宾的长江干流通称金沙江，长约 2290km。河流自北向南，流经四川、西藏，在德钦县境进入云南省，至玉龙县石鼓镇又突折向东北，形成长江第一弯。至三江口处复急折向南，至金江街附近转向东，流至四川省攀枝花，然后经云南、四川省边界流至宜宾。金沙江流经横断山脉高山峡谷区，海拔 3500～5000m，以深切峡谷为主，属中国地势第一阶梯。金沙江中下游经川滇南北向山地，河谷稍开阔，但仍是高山峡谷断续相连，相对高差达 1000m 左右。新市镇以下进入四川盆地，河谷开阔，两岸为低山丘陵。金沙江总落差 3333m，平均坡降 1.45‰，穿行于高山峡谷之中，水流湍急，流向多变，具有山高、谷深、崖陡、河道弯曲等特点。汇入金沙江的主要支流，有雅砻江、松麦河、水落河、普渡河、牛栏江、横江等。

（四）川江段

长江自宜宾东流经泸州、重庆，在重庆市奉节县进入著名的长江三峡，至湖北省宜昌市的南津关，此段河长约 1040km（图 1-1）。绝大部分流经原四川省，俗称川江。河谷形态以宽谷为主，东段三峡河段以峡谷为主，流经鄂西山地，山地中碳酸岩分布广大，喀斯特（岩溶）发育，多石芽、石沟、暗河、溶洞等，溶洞分布也具有多层性。川江河段汇入的一级支流，集水面积在 1000 km² 以上的有 24 条，其中包括左岸的岷江、沱江、嘉陵江和右岸的乌江等大支流。

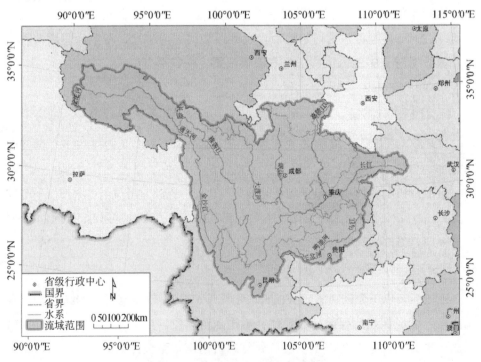

图 1-1 长江上游流域范围示意图

第二节 长江上游自然地理区范围

一、我国自然地理区划的主要方案

自然地理区划就是按照自然综合体的相似性与差异性，将地表区域进行等级划分，所划出的单位称为自然区域，并按照自然区域来研究自然综合体的特征、结构、演变规律、地域差异及其利用改造途径（任美锷，1992）。它可以深入揭示我国自然地理环境的区域分异规律和各区域的结构特征，不仅可以丰富自然地理基础理论，而且可以全面分析评价区域自然条件、资源禀赋状况和开发潜力，进行数量和质量评价，因地制宜提出合理利用开发的途径。为制定全国和区域的国土政策、促进经济发展提供科学依据（赵济，1995）。

自然地理区划是地理学的传统工作和核心研究内容之一，并为拟定和实施区域社会经济发展规划及保护、改良和合理利用地理资源提供必要的科学依据（高江波等，2010）。新中国成立以来，社会经济发展不断加快，需要对全国自然条件和自然资源有充分了解，自然地理区划及其相关研究工作一直是我国地理学家研究的重要内容，我国地理学家先后提出了多种全国性的自然地理区划方案。

方案一：1954 年，罗开富（1954）提出"中国自然地理分区草案"。该方案划分自然地理区域的原则是以景观作为划分的对象，以植物和土壤作为景观的标志。首先将我国分为干、湿两部分，东半壁受夏季风（湿润）的影响，西半壁不受（或少受）这影响。然后提出最冷、最热、最干和空气稀薄 4 个相对的区域。并以此为基础进一步将东半壁划分为东北、华北、华中、华南、康滇 5 区，西半壁划分为蒙新、青藏 2 区，全国基本自然区域共 7 区。再以地形为主要依据，划分为 23 个副区。

方案二：1959 年，黄秉维（1959）按照大自然区、热量带、自然地区、自然地带、自然省、自然州、自然县 7 级单位系统（前二者为零级，最后 2 级则在全国区划中未作具体划分），将全国分成三大自然区（东部季风区、蒙新高原区、青藏高原区），6 个热量带（赤道带、热带、亚热带、暖温带、温带、寒温带），18 个自然地区和亚地区，28 个自然地带和亚地带，以及 90 个自然省。

方案三：1961 年，任美锷（1992）根据地表自然综合体的相似性和差异性，利用自然区域开发的不同方向，将全国划分为东北、华北、华中、华南、西南、内蒙古、西北、青藏 8 个自然区，23 个自然地区和 65 个自然省。1978 年修改为 8 个区，28 个亚区，58 个小区。1988 年进一步修改为 8 个自然区，30 个自然亚区，71 个自然小区。

方案四：1983 年，赵松乔（1983）经过多年在全国各地的实地观察，结合编写《中国自然地理总论》一书的实践和体会，提出我国综合自然地理区划的一个新方案。它主要考虑综合分析和主导因素相结合、多级划分、主要为农业服务的原则，将我国划分为东部季风区、西北干旱区和青藏高寒区 3 大自然区，7 个自然地区，33 个自然区。

二、长江上游自然地理区范围的界定

为了突出长江上游地区的关联性，便于研究长江上游地区自然地理环境特征及不同自然地理区之间的相互作用机制，实现长江上游地区自然、经济与社会的协调发展，界定长江上游自然地理区范围。本书坚持综合性原则、主导因素原则、发生学原则、区域共轭性原则、与生产实践结合原则等自然地理区划的一般原则，同时考虑区域可持续发展原则，以赵松乔（1983）提出的我国综合自然地理区划方案和师范院校用《中国自然地理图集》（刘明光，2010）为基础，参照主要水系分布图，将长江上游自然地理区范围确定为包括秦巴山地、四川盆地、云贵高原、藏东南川西北高原、藏东川西山地高原的区域，如图 1-2 所示。

（一）秦巴山地

秦巴山地包括秦岭、大巴山、龙门山、邛崃山南段、鄂西北的武当山和荆山。秦岭山地东西走向，横贯于黄河、渭河与汉水之间，大部分海拔 1500～2500m。山地北坡陡峭，南坡比较和缓。秦巴山地南部山地海拔自西而东由 2000m 下降到 1000m，总体走向北西西。大巴山略呈向西南突出的弧形。

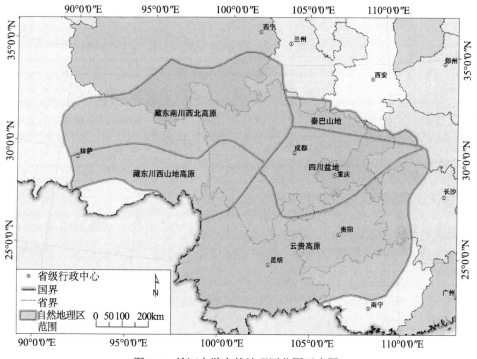

图1-2 长江上游自然地理区范围示意图

（二）四川盆地

四川盆地介于秦巴山地与云贵高原和龙门山-邛崃山与巫山山地之间的构造盆地，形成于燕山运动以后，略呈菱形，海拔300～700m，地势自西北倾向东南。盆地内部中生界紫色砂页岩广泛分布。地貌分异显著，除茶坪山-邛崃山与龙泉山间有小片冲积平原（川西平原）外，川江以北和龙泉山以东是大面积的低山、丘陵。

（三）云贵高原

云贵高原是我国四大高原之一，由云南高原和贵州高原组合而成，包括哀牢山以东的云南东部、贵州全部和广西、四川、湖南、湖北等部分边缘地区。地势由东南向西北抬升，海拔由500m上升到2500m，加上高原内部海拔2500～3000m的高山较多，地貌垂直结构比较突出。

7

（四）藏东南川西北高原

本区位于藏东川西山地高原以北的青藏高原东部，北以拉脊山、布尔汗布达山与祁连山地和柴达木盆地相邻，西面大致沿青藏公路以西与藏北高原相接，包括青海省东南部、四川省西北部、甘肃省西南部及西藏东北角一小部分。地势自西向东缓缓倾斜，西部海拔大部在 4000～4500m，东部的四川西北部和甘肃西南部降至 3000～3500m。本区气候受地形影响十分明显，降水量东部较多。各地海拔不同，气温有较大差异。植被以灌丛草原和草原分布最广。

（五）藏东川西山地高原

本区位于青藏高原东南部，西以拉萨河与尼洋曲的分水岭郭喀拉日居为界，北面大致以马尔康、班玛、嘉黎、江达之间的连线与青东南川西北高原相接，东与西南地区为邻。主要包括西藏东部、四川西部和云南省西北一隅。因地处高原，纬度较低，受东南季风和西南季风影响，降水量较多，水热条件较好，植物生长繁茂，森林覆盖率高。

第三节　长江上游生态功能区范围

一、我国生态功能区划的主要方案

生态功能区划是在对生态系统客观认识和充分研究的基础上，应用生态学原理和方法，揭示区域生态系统类型、生态环境敏感性和生态服务功能的相似性和差异性规律，在生态区划的基础上，将区域划分成不同生态功能区的过程（欧阳志云，2007）。由于生态环境和人类活动的复杂性，生态功能区划还必须结合地理学、土壤学、环境科学和资源科学等多个学科的知识，同时考虑自然活动和人类活动的综合作用。

我国生态功能区划是在对我国生态环境、自然地理、自然资源进行长期研究的基础上，结合我国基本国情和社会经济发展特点，综合多个学科的基础理论，对我国生态环境和生态资产所作的综合评价和区域划分。生态功能区划明确对国家生态安全有重要意义的区域，对我国制定区域发展战略和产业布局计划，协调区域开发与生态环境保护，建立国家生态补偿制度等都具有重要作用。根据生态功能区划的原则、依据和方法，结合我国的生态环境问题、生态系统服务功能和人类活动影响等因素，提出了我国生态功能区划的不同方案。

方案一：2001 年，傅伯杰等（2001）在综合分析我国生态环境特点的基础上，遵循生态区域的分异原则、生态系统的等级性原则和生态区域内的相似性和区际间的差异性原则，同时充分考虑人类活动在生态环境中的作用和地位，将我国划分为东部湿润、半湿润生态大区，西北干旱、半干旱生态大区和青藏高原高寒生态大区 3 个生态大区，再逐级划分出 13 个 2 级区（即生态地区，包括东部 6 个、西部 4 个、青藏高原 3 个）和 57 个 3 级区（即生态区，包括东部 35 个、西部 12 个、青藏高原 10 个）。

方案二：2008 年，由我国环境保护部和中国科学院编制的《全国生态功能区划》，运用生态学原理，以协调人与自然的关系、协调生态保护与经济社会发展关系、增强生态支撑能力、促进经济社会可持续发展为目标，遵循主导功能原则、区域相关性原则、协调原则和分级区划原则，在生态现状调查、生态敏感性与生态服务功能评价的基础上，分析其空间分布规律，确定不同区域的生态功能，提出全国生态功能区划方案。按照我国的气候、植被和地形地貌等自然条件，将我国的陆地生态系统划分为东部季风、西部干旱和青藏高寒 3 个生态大区。全国生态功能一级区分为生态调节功能区、产品提供功能区与人居保障功能区，共 3 类 31 个区。生态功能二级区分为水源涵养、土壤保持、防风固沙、生物多样性保护、洪水调蓄等生态调节功能，农产品与林产品等产品提供功能，以及大都市群和重点城镇群人居保障功能，共 9 类 67 个区。生态功能三级区共有 216 个。

二、长江上游生态功能区范围的界定

为了实现长江上游地区生态系统管理由经验型向科学型转变、由定性向定量转变、由传统型向现代型转变，在生态调查的基础上，分析区域生态系统结构和功能与生态系统敏感性空间分异规律，确定不同地域单元的重要生态系统服务功能，界定长江上游生态功能区范围，对维护区域生态安全，促进自然资源合理利用和产业布局优化具有重要意义。本书以傅伯杰等（2001）提出的中国生态区划方案和我国环境保护部与中国科学院共同编制的《全国生态功能区划》为基础，考虑到生态功能区与长江上游水系的相关性，将 9 个生态区划为长江上游生态功能区范围（图 1-3），即四川盆地农林复合生态区、三峡水库生态区、武陵-雪峰山地常绿阔叶林生态区、秦巴山地落叶与常绿阔叶林生态区、黔中部喀斯特常绿阔叶林生态区、江河源区-甘南高寒草甸草原生态区、川西南-滇中北山地常绿阔叶林生态区、藏东-川西寒温性针叶林生态区。

图 1-3　长江上游生态功能区范围示意图

（一）四川盆地农林复合生态区

该生态区以四川盆地为主体，包括四川省、重庆市、云南省、贵州省部分地区。海拔一般在 1800m 以下，区内地带性植被为亚热带常绿阔叶林。本区属中亚热带湿润季风气候，气温高于同纬度其他地区。盆地气温东高西低，南高北低，各地年均温 16～18℃。四川盆地年降水量 1000～1300mm，年内分配不均。

（二）三峡水库生态区

该生态区位于重庆市和湖北省三峡库区的大部，地带性植被属中亚热带常绿阔叶林区。地处亚热带季风气候区，气候温和湿润，空气湿度大，降雨充沛，平均气温高。年平均气温河谷区 16.7～18.7℃。年均降雨量三峡河谷区992.5～1241.8mm，两岸山地达 1600～2000 mm，降雨时空分布不均。

（三）武陵-雪峰山地常绿阔叶林生态区

该生态区位于湖北、重庆、湖南和贵州交界的武陵山及其周边山地，植被类型为中亚热带常绿落叶阔叶混交林、常绿阔叶林、常绿针叶林、高山矮林等。该区气候属亚热带湿润季风气候，绝大部分地区年平均降水量在 1400mm以上，气温与降水随地势升高而下降。

（四）秦巴山地落叶与常绿阔叶林生态区

该区位于秦巴山地，地跨甘肃、陕西、四川、重庆、湖北、河南六省。该区地处温带与亚热带之间的过渡带，区内地带性植被类型为常绿-落叶阔叶混交林，植被垂直分布显著，但秦岭和大巴山之间有明显的差异。秦岭是我国气候的南北分界线，通常以秦岭北坡和淮河一线划分，以北属暖温带湿润、半湿润气候，以南属北亚热带湿润气候。

（五）黔中部喀斯特常绿阔叶林生态区

该生态区位于贵州中部，是贵州主体部分。该区的地带性植被为亚热带常绿阔叶林，但由于人为活动的破坏，植被多次生。属于中亚热带季风湿润气候，气候温和湿润，年均温 14～16℃，降雨量 1100～1200mm，夏秋较多，冬春较少。

（六）江河源区-甘南高寒草甸草原生态区

该生态区位于青藏高原北部，包括青海的青南高原、共和盆地、黄河上游谷地，以及甘肃的甘南高原、四川的川西高原西北部、西藏的那曲东部广大地区。本区具有典型高原大陆性气候特征，气温较低且变化剧烈、降水量少而变率颇大，多年平均气温为-10～8.6℃，多年平均降雨量 200～700mm，多集中于6～9月份。

（七）川西南-滇中北山地常绿阔叶林生态区

该生态区位于云贵高原西半部、横断山南部及川西南山地，分属云、贵、川三省。区内地带性植被为亚热带半湿润常绿阔叶林，随着海拔高度不同，其分布有明显的垂直带谱出现。区内气候属于高原型半湿润亚热带季风气候，受纬度、地形和海拔高度影响，水热条件分异明显。

（八）藏东-川西寒温性针叶林生态区

该生态区位于横断山区的北部，森林植被分布广，是亚高山针叶林的集中分布地区。该区气候受地势影响较大，由于山高谷深、高差很大，气候垂直变化显著，年均气温 6~14℃，区域年降水量变化大，藏东在 400~600mm，川西在 500~900mm。

第四节　长江上游经济区范围

一、我国经济区划的主要方案

经济区划是指根据社会劳动地域分工的特点、区域经济发展的特征或者国家社会经济发展任务对经济空间进行的战略性划分（刘玉和冯健，2008）。开展经济区划划分一方面有助于揭示研究区域的自然环境和社会经济特点，明确区域经济发展中存在的问题和未来发展方向；另一方面有助于政府制定区域发展规划和宏观调控政策，在发挥地区比较优势的基础上因地制宜地布局生产。经济区划对促进地区经济增长和区域协调发展具有重要的战略意义，是研究区域经济发展的重要领域。

经济区域的划分既要符合区域经济发展的一般规律，又要突出各区域发展的特点，所以我国进行经济区划划分必须遵循空间相互毗邻、条件资源禀赋相似、经济发展水平接近、社会结构相仿、历史延续性明显、行政区划完整等多个原则（路紫，2010）。随着我国社会经济的不断发展，地区间经济联系的需求日益增强，经济区划不仅关系到各种社会资源的整体优化配置，也关系到各个区域经济结构的调整。新中国成立以来，不同时期根据当时的社会经济发展情况和国家发展战略，出现了以下不同的经济区划方案。

方案一：1958 年，为了适应经济的发展、逐步改变我国生产力布局不平衡状态，国家计划部门将全国划分为七大经济协作区。到 1961 年，华中、华南协作区合并，我国建成六大经济协作区，即东北经济协作区、华北经济协作区、华东经济协作区、中南经济协作区、西南经济协作区、西北经济协作区。

方案二：1984 年，为了适应改革开放和经济发展战略的需要，《中华人民共和国国民经济和社会发展第七个五年计划》（1986～1990 年）中将我国（不含港澳台地区）划分为东、中、西三大地区。该方案以省（自治区、直辖市）为组合单位，综合考虑经济发展水平、科技水平和地理位置，将经济发展水平和科技水平大体相似、地理位置相邻的省级行政区划分为一个经济地区。三大地区覆盖的地域范围：东部地区包括北京、天津、河北、辽宁、上海、江苏、浙江、福建、山东、广东和海南等 11 个省（自治区、直辖市）；中部地区包括山西、吉林、黑龙江、安徽、江西、河南、湖北、湖南等 8 个省份；西部地区包括重庆、四川、贵州、云南、西藏、陕西、甘肃、青海、宁夏、新疆、广西、内蒙古等 12 个省（自治区、直辖市）。

方案三：1996 年，《关于国民经济和社会发展"九五"计划和 2010 年远景目标建议》提出，要把坚持区域协调发展、与逐步缩小地区差距作为今后 15 年我国国民经济和社会发展的重要方针，以打通对外开放通道、扩大区域市场和加强跨区域经济联合为基本思路，在全国范围内组建了七大经济区域，即东北地区、环渤海地区、长江三角洲及沿江地区、东南沿海地区、中部地区、西南和华南部分省份、西北地区。

方案四：2004 年，随着我国经济发展总体战略的调整，我国正式提出"十一五"期间将我国（不含港澳台地区）划分为东部、中部、西部、东北四大区域，并明确了国家在区域经济发展中的总体战略：推进西部大开发、振兴东北老工业基地、促进中部地区崛起、鼓励东部地区率先发展。2007 年，我国区域蓝皮书《2006～2007 年：中国区域经济发展报告》中的区域划分即采用四大板块、八大综合经济区的方式。八大综合经济区包括东北地区、东部沿海地区、北部沿海地区、南部沿海地区、黄河中游地区、长江中游地区、大西南地区、大西北地区。

二、长江上游经济带范围的界定

关于长江上游经济带的范围界定，国内专家和学者从不同层面作过一些界定，其主要观点和方案如下（白志礼，2009；白志礼等，2013；邓玲等，2011；田代贵等，2006）。

（1）四川省、重庆市，以及云南省和贵州省部分县市。陈栋生先生在《长江上游经济带发展的几个问题》一文中认为把四川省（包括直辖前的重庆市在内）和云、贵两省有关地区作为长江上游经济带是较适宜的。廖元和研究员在其主持的国家社会科学基金西部项目《西部大开发的重点地区——长江上游经济带发展战略研究》报告中和雷亨顺先生在《重庆经济协作区》一文中都认为长江上游经济带范围包括四川省（含重庆市）大部分地区和云南贵州部分县市。

（2）四川省和重庆市。2000年12月颁布的《国务院实施西部大开发若干政策措施的通知》中指出，长江上游经济带包括四川省、重庆市和西藏自治区。2002年7月，国家在《"十五"西部开发总体规划》中，考虑西藏自治区经济发展的特殊性单列出来进行规划，并将长江上游经济带的规划范围确定为四川省和重庆市。此外，刘世庆研究员在《长江上游经济带西部大开发战略与政策研究》中明确提出长江上游经济带的范围为四川和重庆。

（3）成渝城市群。国务院西部地区开发领导小组办公室综合组组长宁吉喆在论述《西部开发重点区域及政策》时，明确指出：长江上游经济带主要为沿岸的重庆、成都等大城市。中国科学院陆大道等学者，将长江上游成渝经济带作为西部重点地区的一级经济带之一，范围是四川、重庆沿长江和沿铁路轴线上的主要城市。此外，2002年四川大学邓玲教授在"建设长江上游经济带推进西部大开发"研究中提出，长江上游经济带主要是指沿长江干流、沿公路和沿铁路等交通干线分布的中心城市，其经济腹地包括四川、重庆、西藏3省（自治区、直辖市）"。

在对不同专家学者提出的长江上游经济带（区）范围进行了系统总结和梳理的基础上，白志礼研究员在《流域经济与长江上游经济区空间范围界定探讨》一文和《长江上游地区自然资源与主体功能区划分》一书中指出：流域经济区是生态、经济、社会三个子系统的复合体，所以其经济区范围的划分界定必须依据流域一致性、自然生态条件的相对一致性、经济社会特征和条件的相对一致性、区域经济发展方向的相对一致性、区域连片性、一定层级行政区界的完整性等多方面的因素确定。为了满足不同规划的目标和需要，从 3 个尺度对长江上游地区作了划分。大尺度范围的长江上游地区包括四川、重庆、云南和贵州四省市；中尺度的长江上游流域经济带包括四川全省，重庆全市，贵州省 4 个地（市）的 42 个县（区、市），云南省 5 个市（州）的 40 个县（区、市）；小尺度的长江上游核心经济区，即成渝经济区。

本书采用大尺度范围的长江上游经济带的范围界定，如图 1-4 所示。

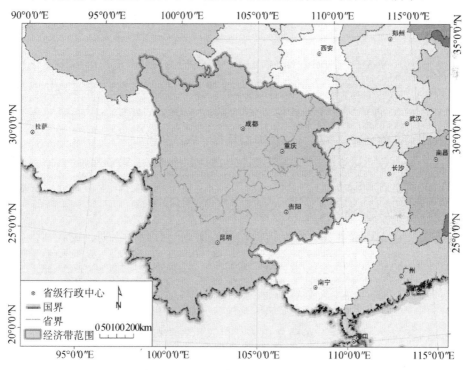

图 1-4　长江上游经济带范围示意图

第五节　长江上游文化区范围

一、我国文化区划的主要方案

文化地理现象的区域分异大都是渐变的或者插花式的，有宽阔的过渡地带并且存在犬牙交错的文化岛，因此文化区划比经济区划和自然地理区划困难得多。我国地理环境的整体特征影响着整个中华民族文化的总体特色，使其在世界文化体系中表现出东方文化的独特性。然而，由于我国地理环境在东、西、南、北存在很大差异，民族分布呈现大杂居、小聚居的复杂特征，各地经济、社会、历史与文化发展的背景又各不相同，因而形成了人文景观形形色色的一系列文化地理区（王会昌，2010）。因此，我国文化区的划分，一方面要考虑我国自然地理环境和人文景观的区域分异特征，各民族的历史文化背景和社会经济发展差异；另一方面要考虑各区的历史发展过程。我国文化区划主要有以下两个方案。

方案一：王会昌（2010）在《中国文化地理》一书中提出的中国文化地理区划方案（草案）。该方案首先根据我国民族文化的区域差异，将我国分为两个一级文化区，即东部农业文化区和西部游牧文化区。然后，根据地理环境差异、民族集团的分布及其文化特征的差异将一级文化区分为 4 个文化亚区，包括中国传统农业文化亚区、西南少数民族农业文化亚区、蒙新草原-沙漠游牧文化亚区和青藏高原游牧文化亚区。最后，分别将中国传统农业文化亚区和蒙新草原-沙漠游牧文化亚区分为 12 个和 3 个文化副区。

方案二：王恩涌（2008）在遵循差异性原则、行政区原则、民族和语言原则的基础上，按照五行五方的理念和东、西、南、北、中的方位，分两个层次对我国文化区进行初步划分。第一层次，将全国分为华北、东北、华东、华中、华南、西北、西南 7 大区。第二层次，以省（自治区、直辖市）为主要骨架将全国分为 25 个亚区。少数文化特征相似的省和自治区，以 2 个或 3 个行政单位为一个亚区。随后，胡兆量等（2009）认为香港、澳门和台湾应从华东和华南文化区中单独列一个文化亚区。

二、长江上游文化区范围的界定

由于长江上游的自然区域范围较大，又是我国少数民族的聚居区，各地自然、经济、历史与文化发展的背景又各不相同，形成了各具特色的文化区域。为了突出长江上游文化地理区的相关性，便于研究长江上游社会文化对经济发展、生态环境变化的影响机制，实现长江上游社会、经济与环境的协调发展。

本书坚持自然、生态、经济区划界线与文化分布特征相协调的原则，以王会昌（2010）提出的中国文化地理区划方案为基础，参考长江上游流域范围，将该方案的巴蜀文化区、西南少数民族农业文化区和青藏高原游牧文化区划到长江上游文化区范围，如图1-5所示。

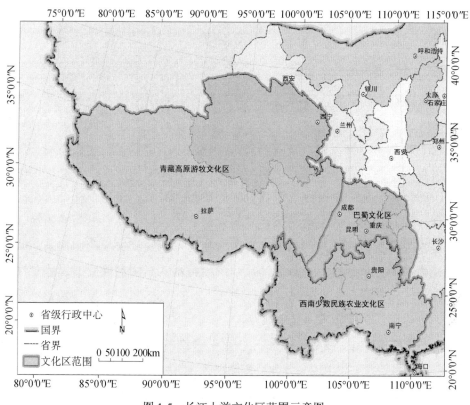

图1-5　长江上游文化区范围示意图

（一）巴蜀文化区

该文化区依托于四川盆地，因3000多年前，重庆为巴国首府，古名叫"巴"，2400多年前，成都为蜀国王都，历来以"蜀"相称，因此名为巴蜀文化区。该区自古以来，文化发达，不仅在接受中原文化的基础上创造了独具风采的巴蜀文化，而且对于我国西南地区的文化发展，也产生了深刻的影响。该区的文化特点：①蜀锦、蜀绣，纤丽者穷于天下；②川菜之馆，遍设于四海都会；③巴蜀戏剧，活泼幽默风趣；④洞天佛地，正好可悟禅机。

（二）西南少数民族农业文化区

该文化区位于我国西南地区，其主体部分依托于横断山脉和云贵高原，这种位于亚热带（和部分热带）地区的高山高原环境直接影响着人们的衣、食和居住方式。区内各民族基本上属于汉藏语系和南亚语系两大系别，其中以汉藏语系占绝对优势。该区是一个能歌善舞的文化区，居住在山乡的 20 多个民族，没有哪个民族不唱歌，没有哪个村寨不跳舞。

（三）青藏高原游牧文化区

青藏高原地势高耸，雪峰连绵，草原辽阔，水草肥美。千百年来，数百万藏族人民以游牧为生，在这个神秘的"世界屋脊"之上，创造了具有浓厚宗教色彩的高原游牧文化。该区的文化特点：①举世瞩目的佛教圣地。宗教统治着整个社会，它不仅深刻地影响着高原游牧文化的形成、发展、风格与特色，而且紧紧地牵制着这个游牧世界的政治、经济乃至整个社会历史的发展进程。②独具风貌的生活习俗。藏族人的衣食住行与高原上高寒的地理环境和游牧生活密切相关。③绚丽多姿的文化艺术。藏族文学花团锦绣，藏族人民能歌善舞，藏戏是一种具有高原戏剧独特形式和强烈鲜明的民族个性的独立剧种。④青藏高原更是我国民族建筑艺术的"大观园"，其中的拉萨布达拉宫，堪称藏族建筑艺术的光辉典范。

本书主要从地理、生态、经济、文化 4 个维度，对长江上游地区的范围进行了界定，将长江上游地区划分为自然地理区、生态功能区、经济区、文化区 4 个区域。由于长江上游地区的经济腹地主要包括云南、贵州、四川、重庆 4 省（直辖市），对于辐射带动长江上游其他地区经济社会的可持续发展及构筑长江上游地区的生态安全屏障具有重要的战略意义，因而对 4 个典型地区的生态文明建设研究，具有代表意义。本书主要从自然地理维度，探讨长江上游地区生态文明建设的诸多问题，重点探讨长江上游典型地区云南、贵州、四川、重庆 4 省（直辖市）的生态文明建设问题。

第二章
生态文明建设的背景及基础

第一节　我国生态文明建设的背景、生态文明理论和政策梳理

一、生态文明内涵阐释

　　文明，是人类文化发展的成果，是人类改造世界的物质和精神成果的总和，也是人类社会进步的象征。人类文明经历了三个阶段。第一阶段是原始文明，约在石器时代，人们必须依赖集体的力量才能生存，物质生产活动主要是简单的采集渔猎，为时上百万年。第二阶段是农业文明，铁器的出现使人类改变自然的能力产生了质的飞跃，为时一万年。第三阶段是工业文明，英国工业革命开启了人类现代化生活，历时300年之久（伍瑛，2000）。

　　生态，是指生物之间和生物与环境之间的相互关系与存在状态，亦即自然生态。自然生态有着自在自为的发展规律。人类社会改变了这种规律，把自然生态纳入人类可以改造的范围之内，这就形成了文明（伍瑛，2000）。

　　生态文明，是指人类遵循人、自然、社会和谐发展这一客观规律而取得的物质与精神成果的总和；是指人与自然、人与人、人与社会和谐共生、良性循环、全面发展、持续繁荣为基本宗旨的文化伦理形态，是人类文明的一种形式。它以尊重和维护生态环境为主旨，以可持续发展为根据，以未来人类的继续发展为着眼点（伍瑛，2000）。

　　本书认为生态文明的核心要素是公正、高效、和谐和人文发展；生态文明

的基本含义包括生态经济文明、生态环境文明[①]、生态社会文明、生态文化文明、生态政治文明 5 个方面。基于上述生态文明概念及其与政治、经济、文化、社会、环境存在的辩证关系，本书从上述几方面展开论述。

二、我国生态文明建设背景

（一）生态文明建设的政治背景

生态文明建设是中国特色社会主义事业的重要内容，关系人民福祉，关乎民族未来，事关"两个一百年"奋斗目标和中华民族伟大复兴中国梦的实现。党中央、国务院高度重视生态文明建设。面对资源约束趋紧、环境污染严重、生态系统退化的严峻形势，党的十八大对建设生态文明做出了"五位一体"的全面部署，强调必须树立尊重自然、顺应自然、保护自然的生态文明理念，把生态文明建设放在突出地位，融入经济建设、政治建设、文化建设、社会建设的各方面和全过程，努力建设美丽中国，实现中华民族永续发展。[②]

党的十八届三中全会通过的《中共中央关于全面深化改革若干重大问题的决定》指出，建设生态文明，必须建立系统完整的生态文明制度体系，实行最严格的源头保护制度、损害赔偿制度、责任追究制度，完善环境治理和生态修复制度，用制度保护生态环境。制度建设是推进生态文明建设的重要保障，是实现美丽中国梦的根本途径。党的十八届三中全会对生态文明建设从战略到具体方法都做了详细阐述，特点鲜明。

2015 年 4 月中共中央、国务院颁布了《关于加快推进生态文明建设的意见》，指出到 2020 年，资源节约型和环境友好型社会建设取得重大进展，主体功能区布局基本形成，经济发展质量和效益显著提高，生态文明主流价值观在全社会得到推行，生态文明建设水平与全面建成小康社会目标相适应。为此强化以下几个方面任务：一是强化主体功能定位，优化国土空间开发格局；二是推动技术创新和结构调整，提高发展质量和效益；三是全面促进资源节约循环高效使用，推动利用方式根本转变；四是加大自然生态系统和环境保护力度，切实改善生态环境质量；五是健全生态文明制度体系；六是加强生态文明建设

---

① 本书中的生态政治文明主要指生态制度文明。
② 参见《中国共产党第十八次全国代表大会报告》。

统计监测和执法监督；七是加快形成推进生态文明建设的良好社会风尚。

（二）生态文明建设的经济背景

自 1978 年改革开放以来，中国经济发展取得了长足的进步。2010 年，中国的经济总量已全面超越日本，成为仅次于美国的第二大经济体。2014 年中国经济总量达到 63.64 万亿元（410.4 万亿美元），30 多年的经济发展引起了世人的瞩目（图 2-1）。

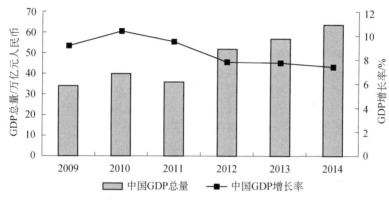

图 2-1 2009～2014 年中国 GDP 增长状况图

近年来，中国的能源消耗速度一直超过其 GDP 增长速度。1978 年中国基本上属于能源相对富余国家，能源生产总量比消耗总量多 5626 万 tce[①]。到 1992 年，中国能源消耗量就开始超过生产量。2008 年中国能源供需缺口达到 37 000 万 tce。再看中国的原油生产。1990 年，中国原油产量大约折合 13 800 万 tce，原油消耗量约为 11 500 万 tce，原油资源基本上处于净出口状态。而到了 2008 年，原油产量约为 19 000 万 tce，原油消耗量却飙升至约 39 000 万 tce。原油缺口高达 20 000 万 tce。煤炭和原油资源过度依赖进口，严重影响了我国经济的健康快速发展和能源安全。

随着能源消耗的不断加大，我国生态环境日益恶化。目前，中国已经取代美国，成为世界上第一大温室气体排放国。党的十八大报告提出"面对资源约束趋紧、环境污染严重、生态系统退化的严峻形势，必须树立尊重自然、顺应自然、保护自然的生态文明理念，把生态文明建设放在突出地位，

---

① tce （ton of standard coal equivalent），吨标准煤。

融入经济建设、政治建设、文化建设、社会建设各方面和全过程，努力建设美丽中国，实现中华民族永续发展"。马克思主义自然生态观为生态文明建设提供了理论指导。在生态文明建设中，我们必须从实际出发，按照自然规律去合理地利用和开发自然，既遵从经济规律又遵从自然规律，彻底转变以牺牲生态环境为代价的经济发展方式，坚持经济建设与生态环境建设同步进行。我们绝不能再走西方"先污染后治理"的老路，必须走有利于生态平衡的发展之路。

另外，高能耗低产出使得我国 GDP 成本长期以来居高不下。2006 年，国家安全生产监督管理总局时任局长李毅中说："我国用了全世界 31%的煤炭，29%的钢材，8%的石油，45%的水泥，淡水占 15%，创造了全世界 4%的GDP，反差太大了。"比如，作为工业基础原料之一的铁矿石，价格从 2002 年的 30 美元左右一路飙升到 2013 年的 140 美元左右。中国一半以上的铁矿石原材料都依赖于进口。中国作为世界上最大的铁矿石进口国，基本毫无议价能力，只能一边看着国内钢铁企业亏损，一边看着国外企业不断掠走中国的财富。

由于我国第二产业产值比重较高，第二产业中高能耗产业所占比例较大，导致我国资源利用效率较低，能耗消费强度较大。2005 年我国能源消费强度约为美国的 4 倍，日本的 7 倍，远高于发达国家和世界平均水平（鲍云樵，2008）（表 2-1）。2010 年我国一次能源消费量为 32.5 亿 tce，同比增长了 6%；不过，能耗强度进一步降低，单位产值能源消费量下降 4%。2014 年中国能源消费总量 42.6 亿 tce，比上年增长 2.2%。其中，煤炭消费量下降 2.9%，原油消费量增长 5.9%，天然气消费量增长 8.6%，电力消费量增长 3.8%。煤炭消费量占能源消费总量的 66.0%，水电、风电、核电、天然气等清洁能源消费量占能源消费总量的 16.9%。全国万元国内生产总值能耗下降 4.8%。工业企业吨粗铜综合能耗同比下降 3.76%，吨钢综合能耗下降 1.65%，单位烧碱综合能耗下降 2.33%，吨水泥综合能耗下降 1.12%，每千瓦时火力发电标准煤耗下降 0.67%。即便在如此形势下，我国能源消耗强度仍偏高，是美国的 3 倍、日本的 5 倍（国家统计局，2015）。

表 2-1 世界主要国家（组织）能源强度比较 （单位：tce/百万美元）

国家	2000 年	2005 年	国家	2000 年	2005 年
中国	743	790	印度	664	579
美国	236	212	OECD	208	195
日本	113	106	非 OECD	603	598
欧盟	204	197	世界	284	284

生态文明建设应着力推进绿色发展、循环发展、低碳发展，对传统产业进行生态化改造，推动经济绿色转型，为中国特色新型工业化道路指明方向。

在过去的 30 多年里，我国过分注重经济发展，虽然取得了举世瞩目的成就，但同时也造成了生态环境的严重破坏。

截至 2009 年，全国荒漠化土地总面积 26.24 万 hm^2，占国土总面积的 27.33%，土地沙化面积 17.31 万 hm^2，占国土面积的 18.03%。全国 90%的可利用天然草原存在不同程度的退化。例如，由于过度放牧，青藏高原草甸草原已经出现了严重退化，鼠害猖獗，毒杂草丛生。2011 年全国草原鼠害成灾面积 3872.4 万 hm^2，草原虫灾发生面积 1766 万 hm^2。严重退化、巨额赤字的严峻生态现实，决定了我国在发展中必须高度重视生态保护和建设。近年来我国加大了生态修复的力度，森林覆盖率由 1990 年的 12.98%上升到 2011 年的 20.36%；自然保护区的面积从 2000 年占国土面积的 9.9%，上升到 2011 年的 14.9%；荒漠化、沙化土地分别由 20 世纪末年均扩展 249.1hm^2 和 171.7hm^2 扭转为年均净减少 1040hm^2 和 343hm^2；水土流失年治理面积从 2000 年的 8.09 万 hm^2 扩大到 10.68 万 hm^2。（谷树忠等，2013）

以上种种事实表明，我国的生态环境污染已经到了非常严重的地步，整治生态环境刻不容缓。事实上，以上种种生态问题多是由经济发展方式不合理所引起的。在过去的三十几年中，我国过分注重经济发展速度，既忽略了经济发展质量，又忽略了生态环境保护。因此，一方面造成了我国经济发展投入高、产值低的状况；另一方面又造成了生态环境的极大破坏。

既要发展经济，又要保护环境，二者能否兼顾，取决于人类资源能否合理而又充分地配置。如果在短期内无法实现资源的合理配置，发展经济与环境保护之间的矛盾也就必然存在。特别是在我国各方面还不是很发达的今天，发展经济与环境保护的矛盾在短期内还是难以得到很好地解决。经济发展一方面提高了国家的综合实力和人民的生活水平，但是另一方面却对环境造成了污染而又影响着人民的健康水平。在处理经济发展与环境保护之间的关系过程中，我们既不能走先污染后治理的老路，也不能走边污染、边治理的歪路，而是在经济发展过程中有意识地降低能耗，发展循环、低碳经济，摒弃单纯唯 GDP 的思想，走出一条经济发展与环境保护协调发展的，发展生态经济新路。

（三）生态文明建设的资源背景

我国生态文明建设的资源背景主要表现为总体上人均资源占有率低、时间上由短期制约向长期制约转变、空间上由局部制约向全局制约转变、种类上由少数制约向多数制约转变、强度上由弹性制约向刚性制约转变、表征上由隐性制约向显性制约转变六大方面。

1. 总体上人均资源占有率低

据《2010 年第六次全国人口普查主要数据公报（第 1 号）》，全国总人口为 1 370 536 875 人。预计到 2030 年我国人口总数可能超过 15 亿。庞大的人口基数和有限的资源总量，是我国人均资源占有量低于世界平均量的一个重要原因（表 2-2）。

表 2-2　我国人均资源占世界平均水平比例

种类	我国人均占世界平均水平比例	种类	我国人均占世界平均水平比例
土地	< 1/3	矿产资源	1/3
耕地	38%	煤	46%
林地	31%	铁矿	42%
草地	35%		

资料来源：中国经济社会发展统计数据库

2. 时间上由短期制约向长期制约转变

资源约束已经从以技术和经济限制为特征的流量约束转变为以资源存量接近耗竭为特征的存量约束（宋旭光，2004）。随着不可再生资源的减少，能源对外依存度不断增加（图 2-2），矿产资源的开采寿命急剧下降，预示着未来资源短缺的常态化。

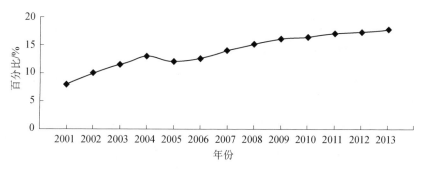

图 2-2　2001～2013 年我国能源对外依存度

资料来源：中国经济社会发展统计数据库

3. 空间上由局部制约向全局制约转变

中国 20 世纪资源短缺主要发生在中国局部区域，资源短缺由东部资源禀赋差的地区逐渐向西部资源禀赋好的区域扩展，由此形成了全国性的资源紧张局面。

4. 种类上由少数制约向多数制约转变

20 世纪，资源对经济发展的约束是个别资源，且约束的程度较轻，但 21 世纪资源约束会出现在多种资源领域。以矿产为例，现有已探明的 45 种主要矿产资源中，到 2020 年将有 26 种不能满足经济发展需求，且大多数为优质、大宗支柱性矿产，5 种矿产面临绝对短缺，仅 9 种矿产能满足经济发展需求（陈毓川，2006）。中国能源、水资源短缺省份逐渐增加，如表 2-3 所示。

表 2-3　中国能源、水资源短缺的省份个数变化　　　（单位：个）

短缺项	1990	1995	2000	2005	2009	2013
煤炭	19	19	26	22	23	23
石油	14	18	19	22	23	25
天然气	5	5	9	23	25	27
水资源	—	—	21	22	25	27

5. 强度上由弹性制约向刚性制约转变

20 世纪 70 年代以来，人类每年对地球的需求已经超过了其更新再生能力。与全球大部分国家类似，我国自 70 年代以来一直处于生态赤字之中。2008 年，我国人均生态足迹为 2.1gha，是我国人均生物承载力（0.87gha）的将近 2.5

倍，且由于人口数量大，我国的生态足迹总量位居全球各国之首。[1]

6. 表征上由隐性制约向显性制约转变

资源的紧张，直观地体现在资源供需矛盾的突出和人均资源占有量的减少，以及在此背景下的过度掠夺造成的自然灾害的频繁。在这其中资源约束通过水资源跨区域调动证明资源约束趋紧的局面已经形成。2008 年以后，我国自然灾害强度急剧增大，2008 年自然灾害造成的直接经济损失达 11 752.4 亿元，2009～2013 年的损失虽少于 2008 年，但损失比 2008 年之前仍增长较多（图 2-3）。

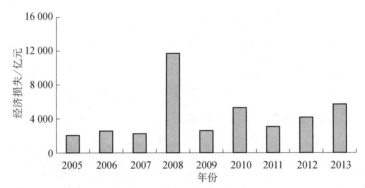

图 2-3　2005～2013 年我国自然灾害造成的直接经济损失

资料来源：中国经济社会发展统计数据库

（四）生态文明建设的环境背景

随着人口的增加和社会经济的快速发展，环境问题已经成为影响我国社会主义现代化建设和人民群众生产、生活的首要问题。近年来，我国虽然采取了一系列措施改善局部的大气和水环境，并起到了积极作用，但我国污染物排放量大，污染形势仍然严峻（表 2-4～表 2-6）。

表 2-4　2013 年全国废水中主要污染物排放量　　　　（单位：万 t）

化学需氧量					氨氮				
排放总量	工业源	生活源	农业源	集中式	排放总量	工业源	生活源	农业源	集中式
2352.7	319.5	889.8	1125.7	17.7	245.7	24.6	141.4	77.9	1.8

资料来源：《2013 中国环境状况公报》

---

[1] 参见世界自然基金会 2012 年 12 月发布的《中国生态足迹报告 2012：消费、生产与可持续发展》。

表 2-5　2013 年全国废气中主要污染物排放量　（单位：万 t）

二氧化硫				氮氧化物				
排放总量	工业源	生活源	集中式	排放总量	工业源	生活源	机动车	集中式
2043.9	1835.2	208.5	0.2	2227.3	1545.7	40.7	640.5	0.4

资料来源：《2013 中国环境状况公报》

表 2-6　2013 年全国工业固体废物产生及利用情况　（单位：万 t）

产生量	综合利用量	贮存量	处置量
327 701.9	205 916.3	42 634.2	82 969.5

资料来源：《2013 中国环境状况公报》

1. 淡水污染

2013 年，全国地表水总体为轻度污染，部分城市河段污染较重，海河断面水质劣 V 类达到 62.7%（表 2-7）。2013 年，水质为优良、轻度污染、中度污染和重度污染的国控重点湖泊（水库）比例分别为 60.7%、23.0%、1.6% 和 9.8%（表 2-8）。与上年相比，各级别水质的湖泊（水库）比例无明显变化。

表 2-7　2013 年省界断面水质状况

流域	断面比例/%		劣 V 类断面分布
	I ～ III 类	劣 V 类	
长江	78.0	7.5	新庄河云南-四川交界处，乌江贵州-重庆交界处，清流河安徽-江苏交界处，牛浪湖湖北-湖南交界处，黄渠河河南-湖北交界处，浏河、吴淞江江苏-上海交界处，枫泾塘、浦泽塘、面杖港、黄姑塘、惠高泾、六里塘、上海塘江浙-上海交界处，长三港、大德塘江苏-浙江交界处
黄河	45.3	33.3	黄埔川、孤山川、窟野河、牸牛川内蒙古-陕西交界处，葫芦河、渝河、茹河宁夏-甘肃交界处，蔚汾河、湫水河、三川河、鄂河、汾河、涑水河、漕河山西入黄处，黄埔川、孤山川、清涧河、延河、金水沟、渭河陕西入黄处，双桥河、宏农涧河河南入黄处
珠江	85.1	6.4	深圳河广东-香港交界处，湾仔水道广东-澳门交界处
松花江	73.5	—	—
淮河	31.4	25.5	洪汝河、南洺河、惠济河、大沙河（小洪河）、沱河、包河河南-安徽交界处，奎河、灌沟河、闫河江苏-安徽交界处，灌沟河南支、复新河安徽-江苏交界处，黄泥沟河、青口河山东-江苏交界处
海河	27.1	62.7	潮白河、北运河、沟河、凤港减河、小清河、大石河北京-河北交界处，潮白河、蓟运河、北运河、沟河、还乡河、双城河、大清河、青静黄排水渠、子牙河、子牙新河、北排水河、沧浪渠河北-天津交界处，卫河、马颊河河南-河北交界处，徒骇河河南-山东交界处，卫运河、漳卫新河河北-山东交界处，桑干河、南洋河山西-河北交界处

续表

流域	断面比例/%		劣V类断面分布
	Ⅰ~Ⅲ类	劣V类	
辽河	21.4	42.9	新开河吉林-内蒙古交界处,阴河、老哈河河北-内蒙古交界处,东辽河辽宁-吉林交界处,招苏台河、条子河吉林-辽宁交界处
东南诸河	100.0	—	—
西南诸河	100.0	—	—

资料来源:中华人民共和国环境保护部2014年6月4日发布的《2013中国环境状况公报》

表2-8 2013年国控重点湖泊(水库)水质状况　　　　（单位:个）

湖泊(水库)类型	优	良好	轻度污染	中度污染	重度污染
重要湖泊	5	9	10	1	6
三湖*	0	0	2	0	1
重要水库	12	11	4	0	0
总计	17	20	14	1	6

*指太湖、滇池和巢湖

重要湖泊:31个大型淡水湖泊中,淀山湖、达赉湖、白洋淀、贝尔湖、乌伦古湖和程海为重度污染,洪泽湖为中度污染,阳澄湖、小兴凯湖、兴凯湖、菜子湖、鄱阳湖、洞庭湖、龙感湖、阳宗海、镜泊湖和博斯腾湖为轻度污染,其他14个湖泊水质优良。与2012年相比,高邮湖、南四湖、升金湖和武昌湖水质有所好转,鄱阳湖和镜泊湖水质有所下降。淀山湖、洪泽湖、达赉湖、白洋淀、阳澄湖、小兴凯湖、贝尔湖、兴凯湖、南漪湖、高邮湖和瓦埠湖均为轻度富营养,其他湖泊均为中营养或贫营养。

重要水库:27个重要水库中,尼尔基水库为轻度污染,主要污染指标为总磷和高锰酸盐指数;莲花水库、大伙房水库和松花湖均为轻度污染,主要污染指标均为总磷;其他23个水库水质均为优良。崂山水库、尼尔基水库和松花湖为轻度富营养,其他水库均为中营养或贫营养。

2. 近岸海域水污染

2013年,全国近岸海域水质一般。Ⅰ、Ⅱ类海水点位比例为66%,比上年下降3个百分点;Ⅲ、Ⅳ类海水点位比例为15%,比上年上升3个百分点;劣

IV类海水点位比例为 19%，与上年持平（图 2-4）。主要污染指标为无机氮和活性磷酸盐四个类别。

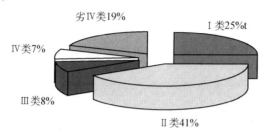

图 2-4　2013 年全国近岸海域水质状况

资料来源：《2013 中国环境状况公报》

3. 大气污染

依据《环境空气质量标准》（GB3095—2012）对 SO_2、NO_2、PM10、PM2.5 年均值，CO 日均值和 O_3 最大 8 小时均值进行评价，74 个城市中仅海口、舟山和拉萨 3 个城市空气质量达标，占 4.1%。74 个城市平均达标天数比例为 60.5%，平均超标天数比例为 39.5%。10 个城市达标天数比例在 80%～100%，47 个城市达标天数比例在 50%～80%，17 个城市达标天数比例低于 50%。2013 年，三大重点区域中的京津冀和珠三角地区所有城市均未达标，长三角地区仅舟山六项污染物全部达标（表2-9）。2013 年新标准第一阶段检测实施城市空气质量以优良为主（图 2-5）。

表 2-9　2013 年重点区域空气质量达标城市数量

区域	城市总数	SO_2	NO_2	PM10	CO	O_3	PM2.5	综合达标
京津冀	13	7	3	0	6	8	0	0
长三角	25	25	10	2	25	21	1	1
珠三角	9	9	5	5	9	4	0	0

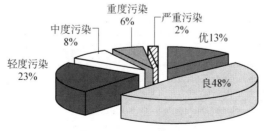

图 2-5　2013 年新标准第一阶段检测实施城市不同空气质量级别天数比例

资料来源：《2013 中国环境状况公报》

中国气象局基于能见度的观测结果表明，2013 年全国平均霾日数为 35.9 天，比上年增加 18.3 天，为 1961 年以来最多。中东部地区雾和霾天气多发，华北中南部至江南北部的大部分地区雾和霾日数为 50～100 天，部分地区超过 100 天。

4. 酸雨

2013 年，473 个监测降水的城市中，出现酸雨的城市比例为 44.4%，酸雨频率在 25%以上的城市比例为 27.5%，酸雨频率在 75%以上的城市比例为 9.1%（图 2-6）。

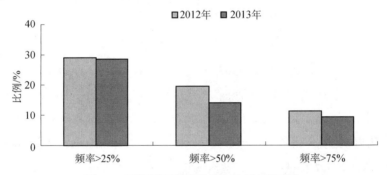

图 2-6 不同酸雨频率的城市比例年际变化

资料来源：《2013 中国环境状况公报》

5. 我国生态系统退化

我国是世界上生态环境脆弱的国家之一。由于地形和气候等原因，我国形成了三江源地区、喀斯特岩溶地区、黄土丘陵沟壑区、干旱荒漠区和海岸带等一系列典型生态脆弱区。人为破坏（人工围垦、工程开发等）和自然灾害（洪水、干旱等），使我国国土生态破坏日益突出，对可持续发展构成严重威胁（表 2-10）。

表 2-10 我国生态退化类型及其退化程度

类型	退化（危害）程度
石漠化	总面积达 344.3 万 km²；占四川、重庆、云南、贵州、广西总面积的 5.3%；1986～1999 年，增速分别达 44.8%、62.5%、28.3%
草地退化	1995～1999 年，54.86%的草地退化，成为沙尘源区
水土流失	20 世纪 90 年代末水土流失面积为 356 万 km²，每年流失土壤总量达 50 亿 t，西部占 61.67%
土地沙化	总面积 174.3 万 km²，占国土面积 18.2%；西部中度沙化的耕地占全部沙化耕地的 82.04%

续表

类型	退化（危害）程度
地质灾害	2008 年汶川地震导致八万多人死亡，100 多万亩土地生态系统的毁坏；2010 年舟曲泥石流造成 1456 人遇难，309 人失踪。2014 年 8 月 3 日，云南鲁甸地震，损失达 4 亿多元
海岸线破坏	近 40 年来，我国 50%滨海海滩消失，其中人工围垦滨海滩涂 1.19 万 km²，城乡工矿建设占用 1.0 万 km²，使近岸海域水质下降，赤潮发生频率增大

资料来源：根据第二次全国土壤侵蚀遥感调查和历年环境公报整理

三、生态文明理论和政策的梳理总结

（一）马克思主义关于生态文明的思想

生态文明思想是马克思主义思想的重要组成内容，马克思主义关于生态文明的思想集中表现为人与自然和谐相处。马克思经典论著中都有对生态文明的论述。马克思构建的共产主义就是一个以人与自然和谐相处为内涵的社会形态。他将人类看作自然界的一部分，人的全面发展是建立在人地关系和谐稳定基础上的；他认为人与自然之间是对立统一，也就是人不可能战胜自然，人只能够顺应自然，有意识地改造自然，人与人之间的和谐是建立在人与自然和谐基础上的。马克思提出，人作为自然的、肉体的、感性的、对象性的存在物和动植物一样，是受动的、受制约的和受限制的存在物。他还指出，人同自然界的关系直接包含着人与人之间的关系，以及人与自然的关系。①可见，人与自然关系的实质体现着人与人之间的关系，而人与自然关系的改善，人自身修养的提高必然也会促进人与人之间的和谐。恩格斯在《自然辩证法》中进一步深刻指出："我们不要过分陶醉于我们人类对自然界的胜利。每一次胜利，起初确实取得了我们预期的结果，但是往后和再往后却发生完全不同的、出乎预料的影响，常常把最初的结果又消除了。美索不达米亚、希腊、小亚细亚以及其他各地的居民，为了得到耕地，毁灭了森林，但是他们做梦也想不到，这些地方今天竟因此而成为不毛之地。"②

---

① 马克思.1979.1844 年经济学哲学手稿.人民出版社：72.
② 马克思，恩格斯.1995.《马克思恩格斯选集》第四卷.人民出版社：383.

（二）中国共产党关于生态文明的理论

中国共产党在继承马克思主义经典作家有关论述的基础上，与时俱进，结合我国具体国情，深化对具体问题的分析，探索形成了中国特色的生态文明理论体系。不仅如此，我们党在新中国成立初期就对生态文明建设进行过思考与实践。例如，1956 年毛泽东在《论十大关系》中探讨汉族和少数民族的关系时就指出了生态因素的重要性。改革开放之后，在总结历史经验教训的基础上，我们党领导人都对生态文明建设作出精辟论断，并以实际行动践行生态文明建设。1990 年 12 月邓小平同志在谈我国现代化建设时，就提出环境保护的重要性；1995 年 9 月，江泽民同志在《正确处理社会主义现代化建设中的若干重大关系》讲话中论述了"经济建设和人口、资源、环境的关系"；2003 年 10 月，胡锦涛同志在党的十六届三中全会上提出，"坚持以人为本，树立全面、协调、可持续的发展观，促进经济社会和人的全面发展"，按照"统筹城乡发展、统筹区域发展、统筹经济社会发展、统筹人与自然和谐发展、统筹国内发展和对外开放"的要求推进各项事业的改革和发展；2013 年 5 月习近平总书记在中央政治局第六次集体学习时指出要正确处理好经济发展同生态环境保护的关系，牢固树立保护生态环境就是保护生产力、改善生态环境就是发展生产力的理念，更加自觉地推动绿色发展、循环发展、低碳发展，决不以牺牲环境为代价去换取一时的经济增长。

不仅如此，改革开放以来，我党历次党代会都对生态环境问题提出新要求。党的十二大上，党中央把环境保护的理念贯穿到政治报告中，提出经济发展要提高经济效益、节约资源、降低消耗。党的十三大报告指出"就是要从粗放经营为主逐步转向集约经营为主的轨道"。党的十四大报告指出"促进整个经济由粗放型向集约型转变，走出一条既有较高速度又有较好效益的国民经济发展路子"。党的十五大报告指出"正确处理经济发展同人口、资源、环境的关系"，推行三项基本国策：一是计划生育，控制人口增长，提高人口素质；二是保护环境，加强对环境污染的治理，切实改善生态环境；三是资源开发和节约并举，把节约放在首位，努力提高资源利用率。党的十六大报告把"可持续发展能力不断增强，生态环境得到改善，资源利用效率显著提高，促进人与自然的和谐"作为全面建设小康社会的目标之一。党的十七大报告指出，我们前进中还面临不少困难和问题，突出的是：经济增长的资源环境代价太大。为此我们要加强能源节约和生态环境保护，增强可持续发展能力。必须把建设资源节约型、环境友好型社会落实到每个单位、每个家庭。保护土地和水资源提高能源资源的利用效率。党的十八大报告中更是将生态文明上升为国家战略。由此可知，中国共产党倡导的科学发展观和社会主义和谐社会包含着丰富的生态文明建设思想。

（三）我国生态文明政策梳理

改革开放以来，我国经济发展取得了举世瞩目的成就，与此同时，我们必须认识到，我国的生态建设严重滞后于经济发展。仅水资源来看，水利部 2014 年曾经对全国 700 余条河流、约 10 万千米河长的水资源质量进行了评价，结果发现：46.5%的河长受到污染，水质只达到四、五类；10.6%的河长严重污染，水质为超五类，水体已丧失使用价值；90%以上的城市水域污染严重。水污染正从东部向西部发展，从支流向干流延伸，从城市向农村蔓延，从地表向地下渗透，从区域向流域扩散。

中国作为负责任的大国，在维护世界生态环境方面，采取了一些卓有成效的做法：20 世纪 90 年代后，中国不断加大生态环境治理力度，1999 年国务院制定并颁布了《全国生态环境建设规划》，先后启动了全国天然林保护工程。此后《全国水土保持规划（2015—2030 年）》《全国绿化造林规划纲要（2011—2020 年）》《全国环境保护规划（2010—2015）》等规划均对我国当前及相当长的一段时间内生态保护提出了具体指导方向。2011 年《全国主体功能区规划》颁布，对我国经济社会发展、区域开发产生重要影响，我国生态建设正面临着前所未有的机遇。进入新世纪以来，我国生态建设取得了若干阶段性成果，中国在生态建设方面面临着巨大的压力，也承担着重大的责任。我们要以"四个全面"为统领，通过生态文明建设有力地建设"美丽中国"。

第二节　长江上游地区生态文明建设的背景

一、生态文明建设的政治背景

　　长江上游地区是我国西部重要的增长极，长江上游地区经济社会发展及生态文明建设势必对整个西部地区产生重要影响。生态文明建设对长江上游地区各省市发展提出了更高要求，赋予了其前所未有的历史使命。2016 年 1 月习近平总书记重庆调研时强调："长江拥有独特的生态系统，是我国重要的生态宝库。当前和今后相当长一个时期，要把修复长江生态环境摆在压倒性位置，共抓大保护，不搞大开发。要把实施重大生态修复工程作为推动长江经济带发展项目的优先选项，实施好长江防护林体系建设、水土流失及岩溶地区石漠化治理、退耕还林还草、水土保持、河湖和湿地生态保护修复等工程，增强水源涵养、水土保持等生态功能。要用改革创新的办法抓长江生态保护。要在生态环境容量上过紧日子的前提下，依托长江水道，统筹岸上水上，正确处理防洪、通航、发电的矛盾，自觉推动绿色循环低碳发展，有条件的地区率先形成节约能源资源和保护生态环境的产业结构、增长方式、消费模式，真正使黄金水道产生黄金效益。"[①]

　　长江上游地区必须主动服从和服务于国家战略大局，牢固树立尊重自然、顺应自然、保护自然的生态文明理念，深入实施以生态建设为主的发展战略，以建设生态文明为总目标，以改善生态、改善民生为总任务，履行保护自然生态系统、实施重大生态修复工程、构建生态安全格局、推进绿色发展、建设美丽西部，着力构建长江上游地区生态文明规划体系、以生态文明为主的行政考核体系、重大生态修复工程体系、生态产品生产体系，改革生态文明建设体制机制、支持生态建设的政策法规体系、维护生态安全的制度体系和生态文化体系，为建设生态文明和美丽中国，实现中华民族永续发展做出新贡献。

---

　　① 参见《习近平在重庆召开长江经济带座谈会上的讲话》，2016 年 1 月，http：//news.ifeng.com/a/20160107/46978823_0.shtml。

二、生态文明建设的经济背景

2014 年 9 月，国务院出台了《国务院关于依托黄金水道推动长江经济带发展的指导意见》。该意见要求长江上游地区产业发展应通过"创新驱动促进产业转型升级，增强自主创新能力，推进信息化与产业融合发展，培育世界级产业集群，加快发展现代服务业，打造沿江绿色能源产业带，提升现代农业和特色农业发展水平，引导产业有序转移和分工协作"。

目前长江上游很多地区农业生态循环模式看起来像循环经济模式，即"自然界-产品-废弃物-自然界"，但实际上农业发展相对粗放，现代农业发展相对滞后。农业发展依然存在种植业产值比重较高，现代农业产值比重较低等情况，同时过度使用农药、化肥，造成农产品中农药和重金属严重超标，导致农产品质量严重下降，生态环境不断恶化。一方面农业污染物排放量较大，农村面源污染严重。长江上游工业基础相对薄弱，结构还有待优化，特别是新兴产业发展有待加快。另一方面长江上游生态工业发展造成的工业三废污染较为严重，如工业废气排放量呈现出不断上升的趋势。此外，长江上游地区经济发展进程中，经济增长主要依靠投资拉动，资源利用率低，呈现出明显的高投入、高消耗、高能耗、高污染、低质量、低效益的粗放型特征，这种方式带来了严重的环境污染问题。长江上游生态服务业发展过程中存在环保意识淡薄，现代服务业发展比重较低等问题。例如，绿色物流行业存在政策法规不健全，绿色行业制度滞后，绿色物流基础设施不够完备，装备相对滞后及人才缺乏等问题。生态旅游业存在管理体制不完善，缺乏统一规划，盲目开发，过分追求经济利益；环境污染严重，风景区生态环境系统失调；生态知识和环境保护意识缺乏，宣传教育力量相对薄弱等问题

三、生态文明建设的资源背景

由于长江上游地区第二产业产值比重较高，第二产业中高能耗产业所占比例较大，导致资源利用效率较低，能耗消费强度较大。长江上游地区粗放型经济仍占主导，重工业比重过大，污染性行业比重偏高，工业污染问题严重。传统的工业发展模式存在的弊端依然没有得到有效解决，严重阻碍了工业走可持

续发展的道路。

今后一段时期，随着长江上游各省（自治区、直辖市）工业化、城镇化的加速推进，经济总量不断扩大，城镇人口持续增加，资源需求量持续快速增长。由于发展方式粗放、产业结构调整缓慢，资源短缺和环境承载力不足的问题更加严重，污染物排放总量居高不下。在承接东部产业转移过程中，以造纸、食品、化工、冶金等优势资源产业为主的特点仍将延续，由生产环节造成的环境压力很难得到缓解；而治污减排指标在增加、潜力在缩减，节能减排任务依然十分艰巨。例如，重庆市以煤为主的能源结构、以重化工业为主的产业结构等导致资源能源消耗和污染物排放仍然较大，单位 GDP 能耗和主要污染物排放强度均高于全国或发达地区平均水平。

四、生态文明建设的环境背景

由于长江上游地区地处我国第一阶梯向第二阶梯过渡的"大斜坡"上，山地、高原的面积占长江流域的 90%以上。山地、高原生态环境是十分脆弱的，开发不当，容易造成水土流失，甚至诱发崩塌、滑坡、泥石流等地质灾害，会进一步恶化生态环境。此外，由于自然资源禀赋、人类活动干扰等原因，长江上游各省（自治区、直辖市）生态环境比较脆弱，水土流失、荒漠化、生物多样性减少、草地退化等现象加剧，区域生态安全体系亟须完善。

重庆市的水土流失、石漠化面积比例分别达 48.6%和 11%，是全国八大石漠化严重发生地区之一和水土流失最严重的地区之一。三峡库区是长江上游最突出的生态脆弱区和全国水土流失最严重的地区之一，森林覆盖率低，且生态群落趋于单一，生态系统整体功能不强，加上库区人口密度高，资源开发强度大，崩塌、滑坡、泥石流等地质灾害时有发生。

四川省西部高寒山区和干旱干热河谷荒漠化治理难度很大，局部生态恶化趋势尚未得到根本遏制，各地大上快上水电开发项目，使鱼类洄游通道受阻，许多水生生物的栖息繁衍受到严重影响，导致河流生态环境和水生生物资源遭到严重破坏。

云南省由于特殊的地理地貌环境，自然生态环境敏感而脆弱，加上广大山区农林牧业生产方式相对落后，坡地过度开垦、草地超载现象仍不同程度存在。

青海省农村牧区发展存在众多薄弱环节，生态保护和建设任务繁重，保护与发展的矛盾仍然十分突出。

西藏自治区生态环境整体脆弱，生态系统易遭破坏且难以恢复，构建西藏生态安全屏障任务艰巨。

第三节　长江上游地区生态文明建设的基础

一、关于长江上游地区生态文明建设的政策梳理

近年来，我国出台了多项举措，如《国务院关于依托黄金水道推动长江经济带发展的指导意见》《国务院关于推进重庆市统筹城乡改革和发展的若干意见》《国务院关于进一步促进贵州经济社会又好又快发展的若干意见》《中共重庆市委重庆市人民政府关于加快推进生态文明建设的意见》等，为长江上游地区生态文明建设奠定了良好的政策基础。长江上游地区生态文明建设的政策梳理如下。

（一）近年国家政策及规划对长江上游地区生态建设要求

1. 《国务院关于依托黄金水道推动长江经济带发展的指导意见》

2014 年 9 月国务院印发《国务院关于依托黄金水道推动长江经济带发展的指导意见》（简称《意见》）。《意见》分重大意义和总体要求、提升长江黄金水道功能、建设综合立体交通走廊、创新驱动促进产业转型升级、全面推进新型城镇化、培育全方位对外开放新优势、建设绿色生态廊道、创新区域协调发展体制机制 8 部分 47 条。《意见》第 7 部分指出应通过建立生态环境协同保护治理机制，完善长江环境污染联防联控机制和预警应急体系，鼓励和支持沿江省市共同设立长江水环境保护治理基金，加大对环境突出问题的联合治理力度。按照"谁受益谁补偿"的原则，探索上、中、下游开发地区、受益地区与生态保护地区试点横向生态补偿机制。依托重点生态功能区开展生态补偿示范区建设，推进水权、碳排放权、排污权交易，推行环境污

染第三方治理。

2. 《全国主体功能区规划》

2010 年 12 月国务院印发《全国主体功能区规划》（简称《规划》）。《规划》对长江上游生态文明建设要求具体如下："构建'两屏三带'为主体的生态安全战略格局，即构建以青藏高原生态屏障、黄土高原—川滇生态屏障、东北森林带、北方防沙带和南方丘陵山地带以及大江大河重要水系为骨架，以其他国家重点生态功能区为重要支撑，以点状分布的国家禁止开发区域为重要组成的生态安全战略格局。青藏高原生态屏障，要重点保护好多样、独特的生态系统，发挥涵养大江大河水源和调节气候的作用；黄土高原—川滇生态屏障，要重点加强水土流失防治和天然植被保护，发挥保障长江、黄河中下游地区生态安全的作用；东北森林带，要重点保护好森林资源和生物多样性，发挥东北平原生态安全屏障的作用；北方防沙带，要重点加强防护林建设、草原保护和防风固沙，对暂不具备治理条件的沙化土地实行封禁保护，发挥'三北'地区生态安全屏障的作用；南方丘陵山地带，要重点加强植被修复和水土流失防治，发挥华南和西南地区生态安全屏障的作用。"

重庆：加强长江、嘉陵江流域水土流失防治和水污染治理，改善中梁山等山脉的生态环境，构建以长江、嘉陵江、乌江为主体，林地、浅丘、水面、湿地带状环绕、块状相间的生态系统。

四川：加强岷江、沱江、涪江等水系的水土流失防治和水污染治理，强化龙泉山等山脉的生态保护与建设，构建以邛崃山脉—龙门山、龙泉山为屏障，以岷江、沱江、涪江为纽带的生态格局。

贵州：强化石漠化治理和大江大河防护林建设，推进乌江流域水环境综合治理，保护长江上游重要河段水生态及红枫湖等重要水源地，构建长江和珠江上游地区生态屏障。

云南：加强以滇池为重点的高原湖泊治理和高原水土流失防治，构建以高原湖泊为主体，林地、水面相连，带状环绕、块状相间的高原生态格局。

西藏：维护生态系统多样性，加强流域保护，推进雅鲁藏布江综合治理，构建以雅鲁藏布江、拉萨河、年楚河、尼洋河为骨架，以自然保护区为主体的生态格局。

3. 《全国水土保持规划（2015—2030 年）》

2011 年 5 月，我国正式启动全国水土保持规划编制工作。在深入调查研究、广泛征求意见、反复论证咨询的基础上，历时三年后于 2014 年编制完成了《全国水土保持规划》。该规划指出如下内容。

三峡库区水土流失综合治理。涉及湖北和重庆 2 省（直辖市），水土流失面积为 2.29 万 km^2。区内山高坡陡，人多地少，人地矛盾突出，水土流失严重。库周及库岸营造植物保护带，坡面营造水土保持林草，推进清洁小流域建设。近山及村镇周边实施坡改梯及坡面水系，完善田间道路，推动退耕还林还草继续实施，发展特色经果林。远山地区封山育林，保护现有植被。局部崩塌、滑坡、山洪区域进行综合整治。

嘉陵江、沱江中下游水土流失综合治理。涉及四川省，水土流失面积为 2.58 万 km^2。区内以中低山丘陵为主，降水量大且集中，紫色土风化强烈，耕垦率高，人口稠密，面蚀和沟蚀严重。实施坡改梯并配套水系，修筑沟道塘堰并配套引灌设施，发展特色林果业，促进和巩固陡坡退耕还林还草，荒山荒坡营造水土保持林。

西南诸河高山峡谷区水土流失综合治理。涉及云南省，水土流失面积为 5.90 万 km^2。区内以中高山地貌为主，沟深坡陡，水土流失严重，山洪泥石流灾害频发。河谷地区气候干热，林草覆盖率低，生态脆弱。开展小流域综合治理，实施封山育林，保护与建设干热河谷植被，坡度相对较缓的耕地实施坡改梯配套水系工程，推动退耕还林还草继续实施，充分利用山坡沟道径流和泉水建设蓄引灌设施，采取拦挡、排导等措施综合整治山洪泥石流沟道。

岩溶石漠化水土流失综合治理。涉及云南、湖北、湖南、重庆、四川、贵州和广西 7 个省（自治区、直辖市），水土流失面积为 16.35 万 km^2，以中低山地貌为主，基岩多为石灰岩，岩石裸露，石漠化发育，耕地资源短缺，土层瘠薄，地表渗漏，工程性缺水严重，局部地区山洪泥石流危害严重。实施坡耕地综合整治，配套坡面水系和表层小泉小水蓄引灌设施，推动退耕还林还草继续实施。荒坡地营造水土保持林，治理落水洞，减轻洪涝灾害。保护天然林，实施封山育林。对山洪泥石流沟道采取综合治理措施。

青藏高原河谷农业水土流失综合治理。涉及四川、西藏 2 省（自治区），水土流失面积为 8.97 万 km^2。区内河谷地带农田多，村镇相对密集，山坡多为灌草地，存在土地沙化现象，沟道山洪泥石流危害大。修筑谷坊、拦沙坝、排导设施治理山洪沟，沟坡、冲洪积扇采取封禁措施，综合整治建设灌溉草地或农田，推动退耕还林还草继续实施，田边、路边、渠边、岸边、村庄周边统一规划营造防护林，推进能源替代工程建设。

4. 《全国绿化造林规划纲要（2011—2020 年）》

该规划要求紧紧围绕 2020 年比 2005 年森林面积增加 4000 万 hm^2、森林蓄积增加 13 亿 m^3 的奋斗目标，按照发展现代林业、建设生态文明、推动科学发展的总体要求，坚持依靠人民群众、依靠科学技术、依靠深化改革，以科学发展为主题，以转变发展方式为主线，以保护和自然修复为基础，依托林业重点工程，进一步推进全社会办林业，全民搞绿化，加大造林绿化和森林经营力度，扩大森林面积，增加森林蓄积，提高森林质量，提升森林效能，为维护国家生态安全，保障木材等林产品供给，改善人居环境。

该规划涉及长江上游生态文明建设部分如下：该区包括重庆、湖北、贵州、湖南、江西全部及陕西秦岭以南、四川东部、云南东北部、广西北部、广东北部、福建西北部、浙江中南部、安徽南部、河南南部。该区以山地、丘陵为主，光、热、水、气条件优越，森林植被丰富，森林覆盖率较高，是我国重要的集体林区和商品林基地。草资源丰富，牧草生长期长，产草量高。目前草资源开发利用不足，垦草问题突出。局部地区石漠化严重，水土流失加剧。

5. 《全国环境保护规划（2010—2015）》

该规划涉及长江上游生态文明建设，具体内容如下：抓好其他流域水污染防治。加大长江中下游、珠江流域污染防治力度，实现水质稳定并有所好转。将西南诸河、西北内陆诸河、东南诸河，鄱阳湖、洞庭湖、洪泽湖、抚仙湖、梁子湖、博斯腾湖、艾比湖、微山湖、青海湖和洱海等作为保障和提升水生态安全的重点地区，探索建立水生态环境质量评价指标体系，开展水生态安全综合评估，落实水污染防治和水生态安全保障措施。加强湖北省长湖、三湖、白露湖、洪湖和云南省异龙湖等综合治理。

6. 《全国土地利用总体规划纲要（2006—2020）》

该纲要以 2005 年为基期，以 2020 年为规划期末年。该纲要总体要求土地生态保护和建设取得积极成效。退耕还林还草成果得到进一步巩固，水土流失、土地荒漠化和"三化"（退化、沙化、碱化）草地治理取得明显进展，农用地特别是耕地污染的防治工作得到加强。《纲要》涉及长江上游生态文明建设部分：西南区：保障国道、省际公路、电源基地和西电东送工程建设用地，适当增加城镇建设用地，合理安排防治地质灾害和避让搬迁用地。加强对重庆和成都市统筹城乡综合配套改革试验区用地的政策指导。加强平原、坝区耕地的保护，加大对基本农田建设的支持力度。大力开展石漠化综合治理，支持天然林及水源涵养林保护、防护林营造等工程，限制生态用地改变用途，促进生物多样性保护和以自然修复为主的生态建设。

7. 《西部大开发"十二五"规划》

涉及长江上游生态文明建设部分，该规划指出以下内容。

青藏高原江河水源涵养区：祁连山、环青海湖、青海三江源、四川西部、西藏东北部三江水源涵养区。开展以提高水源涵养能力为主要内容的综合治理，保护草原、森林、湿地和生物多样性，扎实推进三江源国家生态保护综合试验区、祁连山水源涵养区和西藏等生态安全屏障保护与建设。

西南石漠化防治区：贵州、云南东中部、广西西北部、四川南部、重庆东部喀斯特石漠化防治区。开展以恢复林草植被为主要内容的综合治理，加大退耕还林、封山育林育草和人工造林力度，因地制宜发展草食畜牧业，加强基本口粮田和农村能源建设。

重要森林生态功能区：秦巴山、武陵山、四川西南部、云南西北部、广西北部、西藏东南部高原边缘森林综合保育区。开展以森林生态和生物多样性保护为主要内容的综合治理，加强自然保护区、天然林资源、野生动植物和湿地保护。

（二）近年国务院对长江上游各省市的支持政策

1. 《国务院关于推进重庆市统筹城乡改革和发展的若干意见》

该意见指出如下内容。

加强库区生态环境建设。健全库区生态环境保护体系，把三峡库区建成长江流域的重要生态屏障，维护长江健康生命，确保三峡工程正常运转。强化库区工业污染源治理，搞好农业面源污染防治，禁止水库网箱养鱼，加大水库清漂力度，解决支流"水华"等影响水质的突出问题。抓紧完善并实施三峡库区绿化带建设规划和水土保持规划，强化生物治理措施，加大水土流失治理力度。根据库区生态承载能力，稳步推进生态移民，在水库周边建设生态屏障区和生态保护带。尽快制定落实消落区治理方案和相关措施，加强三峡库区生态环境监测系统建设。加快推进三峡库区三期地质灾害防治工程，研究建立三峡库区地质灾害防治长效机制，落实库区防灾减灾保安措施。加强三峡工程蓄水后的生态变化规律和长江流域可持续发展战略研究。

大力推进节能减排。优化能源结构，提高环境保护标准，减少污染物排放和能源消耗。建立多部门联动的减排工作机制，实行环境准入制度。加快淘汰落后生产能力，遏制"两高一资"行业增长，严格控制新的污染。大力实施节能减排重点工程，加快节能减排能力建设，推进节能减排和发展循环经济的关键技术开发和推广。强化节能减排目标责任制，完善节能减排统计监测和考核实施办法。积极开展循环经济试点，做好工业园区循环经济发展规划，把重庆建成中西部地区发展循环经济的示范区。完善资源价格形成机制，探索建立环境资源有偿使用的市场调节机制，建立和完善重污染企业退出机制、绿色信贷、环境保险等环境经济政策，加快形成节约环保型的生产、流通和消费方式。

加强城乡污染综合治理。以确保城乡集中式饮用水源地和三峡库区水质安全为重点，加强对城乡污染的综合防治。实施三峡库区及其上游水污染防治规划，对纳入规划的污水和垃圾处理、重点工业污染源治理、次级河流污染整治等项目，中央财政继续给予补助。加快落实污水、垃圾处理费征收政策，合理确定收费标准，确保治污设施正常运营。加大农村环境保护力度，强化畜禽养殖污染防治，实施有机肥推广示范工程，促进养殖废弃物向有机肥料的转化、推广和应用。加强污染治理技术研发，力求在"水华"控制、消落区整治、小城镇污水垃圾处理、面源污染防治等关键领域取得技术突破。

积极建设长江上游生态文明区。完善相关政策，加快生态建设，促进可持续发展。在确保基本农田和耕地总量的前提下，根据国务院有关部门制定的退耕还林工程规划，逐步将重点区域 25°以上陡坡耕地退耕还林。将重庆天然林保护工程区内国家重点公益林的新造林纳入中央财政生态效益补偿基金补偿范围，通过多种资金渠道扶持低效林改造。加强重庆长江流域防护林体系建设工程，保护好缙云山、中梁山、铜锣山、明月山等生态走廊。继续实施生态示范创建工程，有序推进生态文明村建设。加快实施石漠化综合治理、小流域综合治理、水土保持等生态环境工程。研究建立多层次的生态补偿机制。加强生物多样性和生物安全管理，提高自然保护区管护水平。

2.《国务院关于进一步促进贵州经济社会又好又快发展的若干意见》

该意见有关生态文明的战略目标指出"长江、珠江上游是重要生态安全屏障。继续实施石漠化综合治理等重点生态工程，逐步建立生态补偿机制，促进人与自然和谐相处，构建以重点生态功能区为支撑的'两江'上游生态安全战略格局"。具体如下：

扎实推进生态保护与建设。继续实施天然林资源保护、长江珠江防护林、速生丰产林、水土保持等工程，加强水源地和湿地保护。增加造林和抚育任务。对生态位置重要的陡坡耕地继续实施退耕还林还草。加大草山草坡治理力度，扩大退牧还草重点县范围。加强自然保护区、风景名胜区、森林公园、地质公园、世界自然遗产地保护和建设，保护生物多样性，提升生态系统功能。支持贵州开展生态补偿机制试点。

突出抓好石漠化综合治理。进一步加大石漠化防治力度，提高单位面积治理补助标准，到 2020 年石漠化综合治理工程全面覆盖工程小区。坚持自然修复为主，宜林则林，宜草则草，推进封山育林（草），加强林草植被保护和建设，开展坡耕地水土流失综合治理。把石漠化治理与解决好农民长远生计结合起来，多种途径促进农民增收致富。大力发展林下产业，加强山区特色经济林建设，支持因地制宜发展花椒、金银花、猕猴桃、火龙果、核桃等经济作物。抓紧研究论证生态搬迁工程。

加强环境保护。继续推进乌江、赤水河和南北盘江等流域水环境综合整治，实施红枫湖、百花湖、万峰湖等饮用水水源地环境综合整治工程，加强草海等湖泊环境保护和综合防治。推进城镇和产业园区环保基础设施建设，加强危险废物处理及锰、汞等重金属、持久性有机污染物防治。强化重点行业污染控制和区域大气污染防治。全面加强矿区生态保护与环境综合治理，完善矿山环境治理恢复保证金制度。采取有效措施，开展农村土壤环境保护和农业面源污染治理。完善环境监测预警系统，建立环境污染事故应急处置体系。

3. 《国务院关于支持云南省加快建设面向西南开放重要桥头堡的意见》

该意见有关云南生态文明建设战略定位中，强调云南省是我国重要的生物多样性宝库和西南生态安全屏障。加快滇池等高原湖泊水环境综合治理，推进大江大河上游森林生态建设、水土保持和重点区域石漠化治理，切实加强生物多样性保护，促进人与自然的和谐。

继续推进水污染防治。加大以滇池为重点的高原湖泊及金沙江、澜沧江、怒江等流域水污染综合防治力度。把滇池治理列入国家"十二五"重点流域水污染防治规划，加强滇中城市经济圈污染联防联控。加大对洱海、抚仙湖和异龙湖水污染防治支持力度。加快推进重金属污染防治。加强界河治理力度，开展水生态系统保护与修复试点，制定红河、南盘江、牛栏江、泚江等流域水体跨界断面水质监测方案，加大对跨界河流风险防范能力建设的支持力度。加强生态环保领域的国际合作。

加快治理水土流失和石漠化。以金沙江、澜沧江、怒江、珠江等流域水土流失治理和滇东南、滇东北石漠化治理为重点，继续实施天然林保护、退耕还林、小流域综合治理、坡耕地改造、岩溶地区草地治理、南方草原开发利用、防护林体系建设等生态建设工程。实施金沙江、澜沧江、怒江流域生态保护与水土流失治理。编制实施迪庆藏族自治州"两江"（金沙江、澜沧江）流域生态安全屏障保护与建设规划。全面启动石漠化重点县（市、区）的综合治理，实施人工造林种草、封山育林育草。实施哈尼梯田生态环境保护与建设工程。加强矿山生态与地质环境保护。

加强生物多样性保护。加强以滇西北、滇西南为重点的生物多样性保护。实施濒危动植物和极小种群物种保护，提高有潜质和保护价值较大的保护区级别。在重要地段建立生物走廊带，完善自然保护区体系。以原生生态系统、特有珍稀濒危动植物和沼泽、湖泊为重点，继续加强对生物多样性和高原湿地保护和建设的投入。全面系统保护川滇生态功能区，加大对国家级自然保护区、国家级风景名胜区、森林公园、重要湿地、重点野生动植物园以及"三江并流"世界自然遗产地保护的投入。加强野生动物保护，完善野生动物损害补偿机制。加强西南种质资源库、生态监测网络体系建设，建立边境地区跨境自然保护区协作机制。考虑云南生态环境特点和发展承载能力，统筹研究重点生态功能区转移支付范围问题。推进森林和草原防火体系、有害生物防控体系建设。

推进节能减排和循环经济发展。继续加大对高耗能行业节能改造的支持力度，组织实施好节能产品惠民工程。深化主要污染物总量控制，突出结构减排，加强工程减排，强化管理减排。规范各类工业园区管理，推进清洁生产和污染集中治理。重点支持主要污染物、温室气体减排能力建设和节能减排、低碳工程项目建设。开展排污权有偿使用和排污交易试点工作，探索建立交易政策与总量减排的衔接机制。开展循环经济重点工程建设，做好大宗产业废物综合利用示范基地试点工作。促进循环经济产业链接技术的研发和推广。对具有资源优势和产业特色的循环经济相关产业和项目给予优惠扶持政策。制定废弃物资源化再利用优惠政策，鼓励共伴生矿、尾矿及大宗产业废物综合利用。支持普洱市发挥自然生态和资源环境优势，大力发展循环经济，建设重要的特色生物产业、清洁能源、林产业和休闲度假基地。

（三）国务院关于长江上游内陆开放区批复意见中涉及生态文明建设要求

1. 重庆两江新区

两江新区于 2010 年 6 月 18 日挂牌成立，是继上海浦东新区、天津滨海新区之后，国务院批准的中国第三个、内陆第一个国家级开发开放新区。新区位于重庆主城区长江以北、嘉陵江以东，包括江北区、北碚区、渝北区 3 个行政区部分区域，规划总面积 1200km²，可开发面积 550 km²，如图 2-7 所示。

在国务院同意设立重庆两江新区的批复中，给予新区五大定位：统筹城乡综合配套改革试验的先行区、中国内陆重要的先进制造业和现代服务业基地、长江上游地区金融中心和创新中心、内陆地区对外开放的重要门户、科学发展的示范窗口。从两江新区建设中有关生态文明发展的定位来看，两江新区要建立全国最大生态新区。

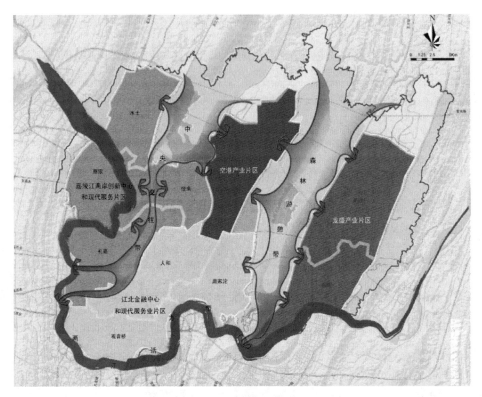

图 2-7　重庆两江新区

建设"森林城市"。加强生态环境建设，构建"两江四山多廊道"生态体系，打造"一半山水一半城"，建成全国最大的生态型开发开放新区。到 2015 年，基本建成重庆中央公园、龙湾森林公园等 10 个大型公园及 50 个中小型公园，人均公共绿地达到 15 m²。

建设绿色低碳新区。加快发展低碳产业和循环经济，推进低碳技术研发和产业化，推动合同能源管理、环境金融等低碳服务业发展。推进低碳产业园建设。加大节能建筑开发和改造力度，推广应用 LED 等绿色市政工程。倡导绿色低碳生活方式和消费模式，发展电动汽车和轨道交通，鼓励使用公共交通和自行车出行。

2. 四川天府新区

2014 年 10 月 2 日，四川天府新区获批成为国家级新区，天府新区成为云贵川渝地区的第 3 个国家级新区，如图 2-8 所示。2014 年 11 月 24 日，《四川天府新区总体方案》已经国务院同意并正式印发。到 2018 年，四川天府新区基础设施网络框架基本形成，重点功能区初具规模，一批国际国内知名企业成功入驻，战略性新兴产业、现代制造业和高端服务业集聚效益明显。单位面积产出高于成都平均水平。到 2025 年，基本建成以现代制造业为主、高端服务业集聚、宜业宜商宜居的国际化现代新区。按照目标定位，四川天府新区将努力建设成为以现代制造业为主的国际化现代新区，打造成为内陆开放经济高地、宜业宜商宜居城市、现代高端产业集聚区、统筹城乡一体化发展示范区。从天府新区规划来看，未来天府新区在产业发展过程中，同样重视生态文明建设，如建设 2 km^2 的中央公园、3.4 km^2 水面的兴隆湖、11 km 长的滨江生态带及鹿溪河湿地公园等都市生态绿地和水面，并广泛利用绿色节能环保技术进行生态居住和生态环境建设。

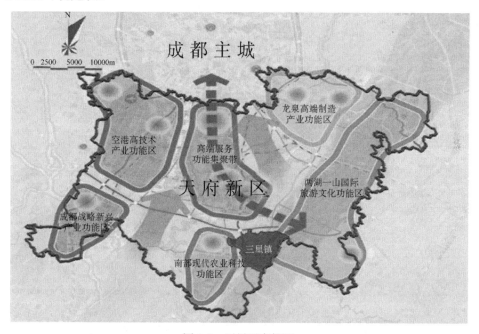

图 2-8　四川天府新区

3. 贵州贵安新区

贵安新区 2014 年获批挂牌，位于贵州省贵阳市和安顺市结合区域，范围涉及贵阳和安顺两市所辖 4 县（市、区）20 个乡镇，规划控制面积 1795 km^2，如

图 2-9 所示。规划将贵安新区定位为中国内陆开放型经济示范区、中国西部重要的经济增长极和生态文明示范区。为西部大开发的五大新区之一,中国第八个国家级新区。计划通过 5～10 年的努力,把贵安新区打造成为内陆开放型经济新高地、创新发展试验区、高端服务业聚集区、国际休闲度假旅游区、生态文明建设引领区。经过 5～10 年的建设,贵安新区将发展成为贵州省乃至西南地区跨越式发展的重要经济增长极,成为西南地区产业集聚,功能完善、服务配套,环境优美、安全宜居,特色鲜明、景象良好的组团式山水园林城市和全国最具特色的一流城市新区之一。贵州贵安新区将建设成为内陆开放型经济示范区,形成以航空航天为代表的特色装备制造业基地、重要的资源深加工基地、区域性商贸物流中心和科技创新中心,打造成全省对外开放的新高地。就生态文明建设,贵安新区着重做好如下几点。

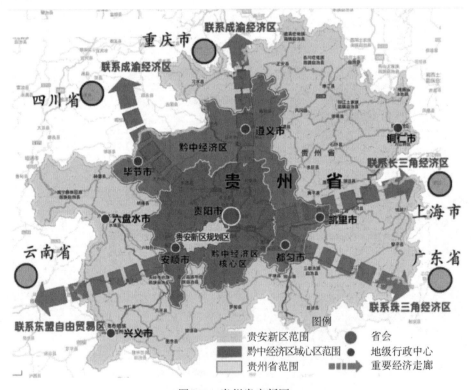

图 2-9 贵州贵安新区

园区将着力打造海绵城市的典范。采用先进的雨水和污水系统设计,实现雨水的自然积蓄、渗透和净化，并基于源分离技术实现污水资源化利用和零排放。并采用低碳建设模式，通过生态化的地形处理、低碳交通设计、废水废物循环利用等策略，最大程度实现节能减排。在智慧管理方面，园区整合 4G 无线专网、智慧运营管理系统等设施，对园区内各系统进行实时监测、智慧控制和远程评估。

创新园在绿色建筑、水系与植被保护等方面展示众多科技化、可持续的创新成果，也将为贵安新区海绵城市建设提供范本。创新园追求人与自然和谐发展，充分尊重自然，利用科技创新将自然的力量转化为保护生态的力量，更好地保护自然山体、水系、植被等，打造最宜居、最生态、最有发展前景的生产生活空间。

4. 云南滇中产业新区

云南省选择滇池径流区域以外的安宁、易门、禄丰、楚雄四县市（西区）和滇中城市经济圈中位于昆明东部的嵩明、寻甸、马龙三县（东区），利用丰富的低丘缓坡土地和较好的交通、能源和产业等基础条件，规划建设新区，如图 2-10 所示。

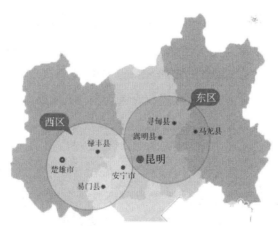

图 2-10 云南滇中产业新区

资料来源：云南省政府 2013 年发布的《关于建设滇中产业聚集区（新区）的决定》

以加快转变经济发展方式为主线，以改革创新体制机制为突破口，以产业园区为载体，按照"产业带动、组团发展、产城融合"的要求，统筹整合优势资源，采取有力政策措施，全力打造高新技术产业、战略性新兴产业高度聚集发展和特色鲜明、配套完善、绿色发展、国际一流的产业新区，形成全省技术创新的新高地，投资创业的新热土，外向型特色优势产业的新基地，改革开放的新窗口，品质优良的新家园，成为我国面向西南开放重要桥头堡建设的新引擎、承接产业转移的新示范、实现全省跨越发展的新支撑。滇中新区要加快绿色经济示范带建设。①

曲靖将在昆曲绿色经济示范带的打造上先进行拓展。首先通过对农业的招商引资，培育龙头产业，已形成包括博浩生物、蒙牛、康恩贝、新希望在内的龙头企业，带动农户发展；其次通过建设基地，保障农业产业的标准化、规模化和专业化；再次通过提升种植、加工环节的科技水平，提高农业生产效率。在推动滇中产业新区建设方面，曲靖还将配合加快交通基础设施的建设。在产业布局中，曲靖还考虑发展文化产业、以康体休闲为主的旅游产业。

（四）长江上游各省份有关生态文明建设地方性措施

1. 《中共重庆市委重庆市人民政府关于加快推进生态文明建设的意见》

该意见指出：重庆市加快推进生态文明建设，是落实中国特色社会主义"五位一体"总体布局的内在要求；是坚持以人为本，推动形成人与自然和谐发展现代化建设新格局的重要内容；是实施五大功能区域发展战略，实现"科学发展、富民兴渝"和全面建成小康社会的必由之路。针对重庆市存在"大库区"、"大山区"及"大农村"的实际，2014年中共重庆市委、重庆市人民政府出台了《中共重庆市委、重庆市人民政府关于加快推进生态文明建设的意见》，意见指出"牢固树立保护生态环境就是保护生产力、改善生态环境就是发展生产力的理念，牢牢把握决不能以牺牲生态环境为代价追求一时的经济增长，决不能以牺牲绿水青山为代价换取所谓的金山银山，决不能以影响未来发展为代价谋取当期增长和眼前利益，决不能以破坏人与自然关系为代价获得表面繁荣，决不能对环保突出问题束手无策、无所作为，对苗头性问题疏忽大意、无动于衷的底线，按照五大功能区域经济社会发展全市一体化、区域发展差异化、资源利用最优化和整体功能最大化的要求，着力树立生态观念、完善生态制度、优化生态环境、维护生态安全，实现遵循经济规律的科学发展、遵循自

---

① 参见云南省政府2013年发布的《关于建设滇中产业聚集区（新区）的决定》。

然规律的可持续发展、遵循社会规律的包容性发展"。

该意见以党的十八大明确的"生态格局、生态经济、生态环境、生态制度"四项任务为基础，根据依法治国要求增加了"环境法治"，吸纳理论界研究成果增加了"生态文化"，结合实际工作所需增加了"政策措施和保障机制"，最终从七个方面明确了重庆市生态文明的七大任务，形成了一个较为完备的工作体系。

该意见提出到 2020 年，努力将重庆建成碧水青山、绿色低碳、人文厚重、和谐宜居的生态文明城市，实现全市生态文明水平与全面建成小康社会目标相适应。这一目标既考虑了当前实际，又兼顾了长远利益；既考虑了人民生存的需要，又考虑了全面发展的要求；既考虑了自然因素，又考虑了人文因素，是辩证统一的整体。这一目标形象生动地展示了重庆生态文明建设的美好愿景，紧扣时代脉搏，符合发展趋势，顺应群众期盼，能够广泛凝聚共识，激发全市上下共建共享热情。围绕实现总体目标。并从生态格局、发展质量和效益、生态环境质量、生态文明法治、生态文明制度、生态文化六个方面，提出了具体量化的指标，具有较强科学性、针对性和可操作性。

2.《云南省生态文明先行示范区建设实施方案》

国家发展和改革委员会联合财政部、国土资源部等六部委于 2014 年 12 月正式签署《云南省生态文明先行示范区建设实施方案》。该方案指出：到 2020 年，全省生态文明理念深入人心，符合主体功能定位的开发格局全面形成，产业结构更趋合理，资源利用效率大幅提升，生态系统稳定性增强，人居环境明显改善，生态文化体系基本建立，生态文明制度体系基本形成，绿色生活方式普遍推行，全面完成生态文明先行示范区建设各项目标，使云南成为资源能源富集、生态环境脆弱、经济欠发达地区转型发展和绿色崛起的先进典范。具体目标是经济发展质量明显提升，资源能源节约利用水平显著提高，生态环境保持优良，生态文化体系基本建立，生态文明体制机制日趋完善。

具体任务包括：严格实施主体功能区制度和规划，科学谋划空间开发格局；大力调整优化产业结构，推动绿色循环低碳发展，促进资源节约集约循环利用；加强生态系统建设和环境保护，健全完善生态文明制度，加强基础能力建设，推进体制机制创新，打造生态文化体系。该实施方案具体特征如下：

调整优化产业结构。坚持集聚化、特色化方向，以转变发展方式为主线，以科技创新和转化应用为引领，认真落实产业政策，严格节能评估审查、环境影响评价、用地预审和水资源论证，严控高耗能高排放项目建设，加快淘汰落后产能，推动产业结构优化升级，发展壮大服务业，构建科技含量高、资源消耗少、环境污染低的产业结构和生产方式，实现经济发展和资源节约、生态环境保护多赢。

推动绿色循环低碳发展。以绿色发展、循环发展、低碳发展为生态文明建设的基本途径，把绿色循环低碳要求贯穿到生产生活各个方面，加强生产、流通、消费全过程资源节约，推动资源利用方式根本转变，切实加强污染防治，加强破解资源环境瓶颈约束，以尽可能小的资源环境代价支撑全省经济社会又好又快、更好更快发展。

加大生态系统和环境保护力度。实施重大生态修复工程，加强自然生态系统保护，增强生态产品生产能力。加强污染综合防治，切实改善环境质量。

3.《贵州省生态文明建设促进条例》

贵州省为了促进生态文明建设，推进经济社会绿色发展、循环发展、低碳发展，保障人与自然和谐共存，维护生态安全，根据有关法律、法规的规定，结合贵州省实际，于2014年7月，制定本条例。

本条例共7章70条。主要内容包括：第一，生态文明建设坚持节约优先、保护优先、自然恢复为主的方针，坚持政府引导与社会参与相结合、区域分异与整体优化相结合、市场激励与法治保障相结合的原则，实现资源利用效率提高、污染物产生量减少、经济社会发展方式合理、产业结构优化、生态系统安全。第二，县级以上人民政府应当积极发展生态工业、生态农业、现代种业、设施农业、生态林业、生态服务业等产业，将低碳、节能、节水、节地、节材、新能源、资源合理开发和综合利用、主要污染物减排、环保基础设施建设、固体废物处置和危险废物安全处置等项目列为重点投资领域。第三，县级以上人民政府应当按照减量化、再利用、资源化的要求，逐步构建覆盖全社会的资源循环利用体系、再生资源回收体系，积极推进循环经济发展，推动资源利用节约化和集约化，降低资源消耗强度，提高资源产出率。第四，县级以上人民政府应当结合本地实际，推广使用天然气、风能、太阳能、浅层地温能和生物质能等绿色能源，降低化石能源使用比例，改善能源使用结构；加强工业生态化改造，推动企业降低单位产值能耗和单位产品能耗，淘汰落后的生产能力，提高能源使用效率；推行建筑节能，推广使用新型墙体材料，发展绿色建筑。第五，县级以上人民政府及其有关部门应当发展生态农业，构建新型农业生产体系，推行生态循环种养模式，科学合理使用农业投入品，保障农业安全。推进畜禽粪便、废水、弃物综合利用与无害化处理，防治农业面源污染，全面改善农村生产生活条件和生态环境。第六，各级人民政府应当做好土壤环境状况调查，建立严格的耕地和集中式饮用水水源地周边土壤环境保护制度，划定优先保护区域，提高土壤环境综合监管能力，建立土壤环境保护体系。第七，对生态环境可能产生重大影响的建设项目，建设单位应当优先考虑自然资源条件、生态环境承载能力和保护措施，按照法律、法规规定和已经批准的建设规划、水资源论证报告、水土保持方案、环境影响评价文件、节能评估文件和气候可行性论证文件等的要求进行建设，并进行风险评估。[①]

4. 《四川林业推进生态文明建设规划纲要（2014—2020年）》

该纲要在全面分析生态文明建设国际国内背景、压力与挑战的基础上，阐释了林业在生态文明建设中必须承担的五大职责（构建生态安全格局、保护自然生态系统、保障生态产品供给、绿色发展助农增收、繁荣林业生态文化），明确了构建五大体系（自然生态空间规划体系、重大生态修复工程体系、生态产品生产体系、生态文明制度体系、生态文化体系）的战略任务，提出了划定四条红线（林地和森林、湿地、沙区植被、物种）、推进十大工程（天然林资源保护工程二期、退耕还林工程、森林经营培育工程、木材战略储备基地建设工程、湿地保护与恢复工程、川西藏区沙化土地治理工程、岩溶地区石漠化综合治理工程、干旱半干旱地区生态修复工程、野生动植物保护及自然保护区建设工程、极度濒危野生动物和极小种群野生植物拯救保护工程）、实施十大行动（生态红线保护行动、森林保育行动、湿地保护与恢复行动、荒漠化治理行动、物种拯救行动、城乡绿化美化行动、绿色产业富民行动、重点领域改革行动、科技支撑行动、生态文明宣教行动）的建设路径，描绘了以打造天蓝、地绿、

① 参见：《国务院关于支持云南省加快建设面向西南开放重要桥头堡的意见》，http://www.gov.cn/zwgk/2011-11/03/content_1985444.htm。

山青、水秀、人与自然和谐的东部绿色盆地和西部生态高原为支撑的美丽四川新蓝图。

该纲要将作为当前和今后一个时期全省林业推进生态文明建设的行动纲领。四川省林业推进生态文明建设的建设目标是：到 2020 年，长江上游生态屏障全面建成，以天蓝、地绿、山青、水秀、人与自然和谐的东部绿色盆地和西部生态高原为支撑的美丽四川新格局基本形成。全省林地保有量控制在 3.54 亿亩①以上，森林覆盖率达到 37%，森林蓄积达到 17.9 亿 m^3，湿地保有量控制在 2500 万亩以上，治理和保护恢复植被的沙化土地面积不少于 1320 万亩，95%的国家、省重点保护物种和四川特有物种通过自然保护区得到有效保护；全省森林、湿地水源涵养量达到 721 亿 m^3，减少水土流失 11 900 万 t，森林、湿地碳储量达到 27.39 亿 t，林业生态服务价值达到 1.68 万亿元；全省林业生态文明教育示范基地达到 100 个；全省现代林业产业基地达到 3000 万亩，全部林业产业产值达到 3500 亿，农民人均林业收入达到 1500 元②。

二、长江上游生态文明建设的实践基础

（一）长江上游地区生态经济文明建设的实践基础

长江上游地区具有丰富的自然资源，属亚热带高原季风气候区，山川秀丽，风景优美，气候宜人，夏无酷暑，冬无严寒，雨热同季，农业面源污染很少，土地多为无污染的净土，是全国少有的无公害农产品、绿色农产品和有机农产品生产的理想之地。此外，长江上游地区充分利用资源优势发展现代农业与休闲农业，成效显著，长江上游典型地区（云、贵、川、渝）农林牧副渔总产值呈现逐年上升趋势，从 2005 年的 6766 亿元上升到 2013 年的 13 866 亿元，2013 年农林牧副渔总产值是 2005 年的 2 倍。近年来，长江上游地区积极转变农业发展思路，采用生态农业生产技术，采用科学的种植和管理技术，大力推广复合生态农业模式，着力推动经济效益、社会效益、生态效益三者合一，发展生态农业取得了一定成效。

---

① 1 亩≈666.7m^2。
② 参见《国务院关于支持云南省加快建设面向西南开放重要桥头堡的意见》，http://www.gov.cn/zwgk/2011-11/03/content_1985444.htm。

　　参考长江上游典型地区（云南、贵州、四川、重庆）历年的统计年鉴，2005～2013 年，长江上游典型地区工业总产值呈现出不断增长的趋势：第一，四川省的工业发展速度最高。四川省的工业总产值一直保持持续增长的趋势，工业增加值从 2005 年的 2527.1 亿元到 2014 年的 11 852 亿元。第二，重庆市的工业发展速度排名第二。重庆市的工业总产值一直保持持续增长的趋势，工业增加值从 2005 年的 1293.9 亿元到 2014 年的 5175.8 亿元。第三，云南省的工业发展速度排名第三。云南省的工业总产值一直保持持续增长的趋势，工业增加值从 2005 年的 1168.7 亿元到 2014 年的 3899 亿元。第四，贵州省的工业发展速度排名第四。贵州省的工业总产值一直保持持续增长的趋势，工业增加值从 2005 年的 707.4 亿元到 2014 年的 3140.9 亿元。近年来，长江上游地区以创新驱动、转变方式、调整结构为主线，大力发展生态工业，建设了大量的生态工业园区，同时加强产业结构调整，大力发展循环经济，采用先进的生态技术，实现了对很多企业的清洁化改造，积累了较为丰厚的发展生态工业基础。

　　长江上游地区生态旅游业资源丰富、发展迅速。长江上游流域有许多得天独厚的旅游资源，复杂的地貌特征、多样化的气候类型、悠久的历史文化、众多的民族风情，更使得长江无论是自然景观还是人文景观的旅游资源都独具特色。近年来，长江上游地区纷纷结合自身的优势，大力发展旅游业，使得旅游人数大量增加，旅游收入呈现出逐年递增的趋势长江上游地区旅游人数和旅游收入有大幅度提升。

（二）长江上游地区生态环境文明建设的实践基础

　　"十二五"期间，长江上游各省（自治区、直辖市）积极推进节能减排工作，实施了一批节能减排重大工程，节能减排取得明显成效，环境质量持续改善。2014 年，重庆市共完成各类减排项目 1300 余个，全市化学需氧量、氨氮、二氧化硫、氮氧化物排放量比 2013 年分别下降 1.38%、1.69%、3.79%、1.93%。四川省共完成 45 个国家减排目标责任书项目，全省化学需氧量、氨氮、二氧化硫、氮氧化物排放量同比分别下降 1.27%、1.66%、2.49%和 6.23%。云南省共完成国家级重点减排项目 79 个，化学需氧量排放量下降 2.45%、氨氮排放量下降 2.73%、二氧化硫排放量下降 3.98%、氮氧化物排放量下降 4.75%。贵州省共完成 34 个国家级重点减排工程项目，完成淘汰水泥、铁合金等 10 个行业的 97 户企业，全省化学需氧量、氨氮、二氧化硫、氮氧化物排放量同比分别下降 0.46%、0.54%、6.15%、11.88%。[①]

与此同时，长江上游各省（自治区、直辖市）着力推进森林资源保护、退耕还林、退牧还草、湿地保护与恢复、生态环境综合治理、水土流失防治、生态农业、生物多样性保护及自然保护区建设和生态安全屏障建设等重点工程，生态环境得到有力保护，生态建设成效显著。重庆市编制实施《重庆市林地保护利用规划（2010—2020 年）》，划定林地面积不低于 6300 万亩，森林面积不低于 5600 万亩，森林覆盖率稳定在 45%。同时，以自然保护区为重点，开展生物多样性保护和宣传，实施《重庆市生物多样性保护策略与行动计划》，推动生物多样性减贫计划。2014 年，四川省开展了生态文明建设试点示范和生态保护红线划定试点，新建 3 个国家级生态县和 56 个国家级生态乡镇，新建省级自然保护区 1 个。云南省编制完成《云南省生物多样性保护条例（草案）》，完成退耕还林工程建设任务 36 万亩和水土流失防治面积 3530km^2，累计建成 85 个国家级生态乡镇和 3 个国家级生态村。贵州省对生态文明建设示范区工作成效显著的地区实施"以奖代补"，加速"四在农家·美丽乡村"建设，与联合国开发计划署、环保部对外合作中心联合启动"全球环境基金赤水河流域生态补偿与全球重要生物多样性保护示范项目"。

（三）长江上游地区生态社会文明建设的实践基础

近年来，长江上游地区加强生态文明的宣传教育，积极引导全社会树立生态理念、生态道德，积极倡导文明、节约、绿色、低碳的消费模式和生活方式。目前长江上游地区生态社会文明不断增强，积极健康的生态消费理念已经深入人心。长江上游地区各级政府借助报纸、电视、广播、互联网等大众媒体，以及政府和各企事业单位的信息传播渠道，在全社会广泛、深入、持续地开展资源节约宣传教育活动，不断提高消费者的资源忧患意识和环保意识。此外，长江上游地区制定了大量措施，倡导人们绿色消费。例如，大量使用热水

---

① 参见《重庆市十三五规划纲要》《四川省十三五规划纲要》《云南省十三五规划纲要》《贵州省十三五规划纲要》。

器、太阳灶台，建设大量的农村生活污水净化沼气池及太阳房，提高资源的利用率。长江上游地区采取的一系列措施，为建设生态社会文明奠定了良好的基础。

（四）长江上游地区生态文化文明建设的实践基础

近年来，长江上游很多地区将生态文明教育渗透到基础教育过程中。例如，重庆市通过报纸、电视、互联网等新闻媒体在单位、社区等公众场所开展生态文明理念和低碳绿色的生活、消费宣传，逐步使市民树立节约能源资源、保护环境的意识。云南省制定了《云南省生态文明教育基地创建管理办法》，将省级以上自然保护区、森林公园、湿地公园、国家公园、国有林场、自然博物馆、野生动物园、植物园、生态科普基地、生态科技园区等单位作为生态文明教育基地，大力开展生态文明教育活动。四川广元、广安获国家森林城市称号，西昌邛海湿地公园获国家生态文明教育基地称号。四川省通过这些生态文明教育基地，开展了大量的生态文明宣传教育和实践活动，全方位展示这些城市的生态建设成果，让他们成为广大干部群众接受生态文明素质教育的主要阵地。此外，长江上游很多地区采取多种措施着力培育生态文化理念。例如，云南省运用多种形式和手段，深入开展保护生态、爱护环境、节约资源的宣传教育和知识普及活动，牢固树立"尊重自然、敬畏自然、顺应自然"的伦理观和"环境是资源、环境是资本、环境是资产"的价值观，"破坏环境就是破坏生产力、保护环境就是保护生产力"的发展观，"保护环境光荣、破坏环境可耻"的道德观，"提倡绿色消费、杜绝奢侈浪费"的消费观。

（五）长江上游地区生态政治文明建设的实践基础

近年来，围绕生态政治文明，长江上游地区先后出台了系列地方性法规。例如，重庆市出台了《重庆市环境保护条例》《重庆市环境噪声污染防治办法》《重庆市饮用水源污染防治办法》《重庆市长江三峡水库库区及流域水污染防治条例》等。四川省、云南省、贵州省出台了《四川省固体废物污染环境防治条例》《四川省环境保护条例》《四川省危险废物污染环境防治办法》《云南省环境保护条例》《云南省生物多样性保护条例》《贵州省生态文明建设促进条例》《贵州省环境保护条例》等。长江上游地区还出台系列地方性规划，如《重庆市创建国家环境保护模范城市规划（2010—2013）》《重庆市重点生态功能区保护和建设规划（2011—2030 年）》《重庆市生态建设和环境保护"十二五"规划》《贵州省"十二五"环境保护专项规划》等。这些政策法规的制定，为长江上游地区生态文明的建设创设了良好的条件。

第三章

长江上游地区生态文明建设的现状及困境

党的十八大对建设生态文明做出了全面部署，强调把生态文明建设放在突出位置，融入经济建设、环境建设、政治建设、文化建设、社会建设的各方面和全过程。生态文明建设，开辟了人类文明建设的新境界，开启了中华民族永续发展的新征程。本章主要围绕生态经济、生态环境、生态社会、生态文化、生态政治五个方面，阐述了长江上游典型地区（云南、贵州、四川、重庆）生态文明建设的现状。由于生态经济文明在生态文明中具有重要意义，且资料收集有限，本章重点阐述了生态经济文明建设的现状。

第一节　长江上游地区生态文明建设的现状

一、长江上游地区生态经济文明建设的现状

以生态产业为标志的生态经济近年来得到了迅速的发展。生态产业已经从单一的环保产业扩展到三次产业。在农业领域里，生态农业、有机农业、自然农业等可持续农业生产模式在世界范围内得到了广泛推广。在工业领域，生态工业、低碳工业得到广泛推广；在服务业领域，绿色物流业、生态旅游业、低碳服务业发展势头十分迅猛。本章主要从产业结构角度，从生态农业、生态工业、生态服务业三个维度阐述长江上游地区生态经济文明建设现状。

（一）长江上游地区生态农业发展现状

生态农业，就是以生态学原理为指导，在一定区域内，因地制宜地规划、

组织和进行农业生产（张平军，2013）。它要求建立一个在生态上自我平衡的低投入、在经济上划算的高产出的生态农业生产系统。该系统不仅能够保护周围的生态环境，而且能够最大限度地提高农业的产出效率，促进农业生态系统的良性循环。因此，生态农业的概念和原理一提出，立即得到广泛的重视和响应。生态农业在长江上游地区的发展历史并不长，由于政府的高度重视，科技界的积极探索，广大农民的积极参与和创新，以及生态农业本身的强大生命力，长江上游地区生态农业已取得了明显成就。

1. 农业发展速度较快，农业内部结构发生了较大变化

（1）农业发展速度较快

近年来，长江上游地区坚持走"绿色发展、创新驱动、内生增长"的发展路子，加快建设生态农业，着力推动经济效益、社会效益、生态效益三者合一。根据历年《中国区域经济统计年鉴》的数据，本章整理了 2004～2013 年长江上游典型地区农业总产值的数据，绘制了 2004～2013 年长江上游典型地区（重庆、四川、贵州、云南）农业总产值的柱形图（图 3-1）。

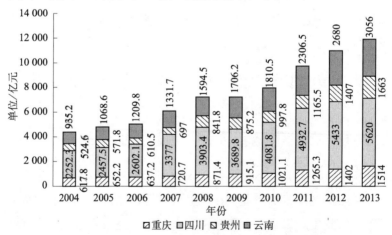

图 3-1　2004～2013 年长江上游典型地区农业总产值

资料来源：历年《中国区域经济统计年鉴》的数据

注：农业总产值为农林牧副渔总产值之和

长江上游地区农业发展速度越来越快，农业总产值基本呈现逐年递增的趋势。具体如下：第一，2004～2013 年，在长江上游 4 个典型地区中，四川省的农业发展速度最快，农业总产值呈现出逐年递增的趋势；农业总产值从 2004 年

2252.3 亿元上升到 2013 年的 5620 亿元，10 年间，四川省的农业总产值翻了一番多。第二，2004～2013 年，在长江上游 4 个典型地区中，云南省的农业发展水平排名第二，农业总产值由 2004 年的 935.2 亿元上升到 2013 年的 3056 亿元，云南省 2013 年农业总产值是 2004 年 3.3 倍。第三，2004～2013 年，在长江上游 4 个典型地区中，重庆市的农业发展水平排名第三，农业总产值由 2004 年的 617.8 亿元上升到 2013 年的 1514 亿元，10 年间，重庆市的农业总产值翻了一番多。第四，2004～2013 年，在长江上游 4 个典型地区中，贵州省的农业发展水平排名第四，农业总产值由 2004 年的 524.6 亿元上升到 2013 年的 1663 亿元，贵州省 2013 年农业总产值是 2004 年的 3.2 倍。

（2）农业内部结构发展现状及特征

我国是一个农业大国，近年来，长江上游地区的农业发展进入了一个高峰时期，农林牧渔业各个产业的总产值都表现出不同程度的增长。同时，农业内部结构也发生着巨大变化。根据历年《中国区域经济统计年鉴》的数据，本章整理了 2005～2013 年长江上游典型地区农、林、牧、渔业的总产值数据，绘制了重庆、四川、贵州、云南 4 个省份的农业总产值、牧业总产值、渔业总产值、林业总产值的柱形图、折线图。2005～2013 年，长江上游典型地区农林牧渔业各部分都表现出不同程度的增长，农业内部结构发展现状及特征如下。

长江上游典型地区中，四川省的农业发展速度最快，农业总产值最高。四川省的农业总产值从 2005 年的 1037 亿元上升到 2013 年的 2904 亿元，年平均增长速度为 13.7%。云南省的农业总产值从 2005 年的 559 亿元上升到 2013 年的 1639 亿元，年平均增长速度为 14.4%。2005～2009 年重庆与贵州的农业发展水平总体相当，2010～2011 年，重庆市的农业总产值大大超过了贵州省，2012～2013 年，贵州省的农业总产值超过了重庆市（图 3-2）。

2005～2013 年，在长江上游 4 个典型区域（重庆、四川、贵州、云南）中，林业发展情况如下。第一，云南省的林业发展水平最高。云南省的林业总产值由 2005 年的 106 亿元上升到 2013 年的 293 亿元，年平均增长率为 13.6%。第二，四川省的林业发展水平排名第二。四川省的林业总产值由 2005 年的 69.9 亿元上升到 2013 年的 179.4 亿元，年平均增长率为 12.5%。第三，贵州省的林业发展水平排名第三。贵州省的林业总产值由 2005 年的 23.9 亿元上升到 2013

年的 69.87 亿元，年平均增长率为 14.3%。第四，重庆市的林业发展水平最低。重庆市的林业总产值由 2005 年的 20 亿元上升到 2013 年的 48 亿元，年平均增长率为 11.6%（图 3-3）。

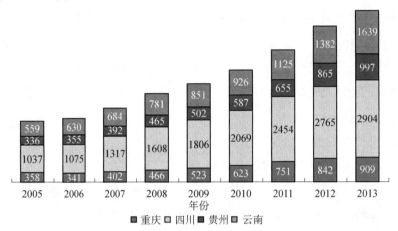

图 3-2　2005～2013 年长江上游典型地区农业总产值（单位：亿元）

资料来源：历年《中国区域经济统计年鉴》的数据

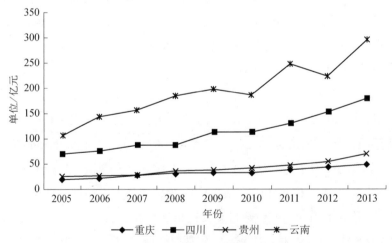

图 3-3　2005～2013 年长江上游典型地区林业总产值

资料来源：历年《中国区域经济统计年鉴》的数据

2005～2013 年，在长江上游 4 个典型区域（重庆、四川、贵州、云南）中，牧业发展情况如下。第一，四川省的牧业发展水平最高。四川省的牧业总产值由 2005 年的 1230.2 亿元上升到 2013 年的 2267.6 亿元，年平均增长率为 7.9%。第二,云南省的牧业发展水平排名第二。云南省的牧业总产值由 2005 年的 339.7 亿元上升到 2013 年的 963 亿元,年平均增长率为 13.9%。第三,重庆市的牧业发展水平排名第三。重庆市的牧业总产值由 2005 年的 249.5 亿元上升到 2013 年的 482.8 亿元,年平均增长率为 8.6%。第四,贵州省的牧业发展水平排名第四。贵州省的牧业总产值由 2005 年的 194.2 亿元上升到 2013 年的 482.7 亿元,年平均增长率为 12.1%。总之,2005~2013 年,重庆市、四川省、贵州省、云南省的牧业总产值排名如下:四川省>云南省>重庆市>贵州省(图3-4)。

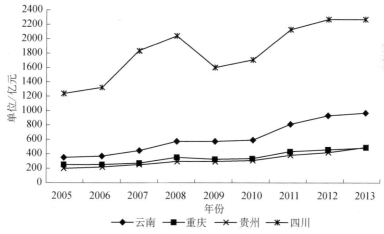

图 3-4 2005~2013 年长江上游典型地区牧业总产值

资料来源:《中国区域经济统计年鉴》的历年数据

2005~2013 年,在长江上游 4 个典型区域(重庆、四川、贵州、云南)中,渔业发展情况如下:第一,四川省的渔业发展水平最高。四川省的渔业总产值由 2005 年的 78.5 亿元上升到 2013 年的 177.5 亿元,年平均增长率为 10.7%。第二,除了 2005 年以外,2006~2013 年,云南省的渔业发展水平排名第二,云南省的渔业总产值由 2005 年的 23.0 亿元上升到 2013 年的 70.0 亿元,年平均增长率为 14.9%。第三,重庆市的渔业发展水平排名第三。重庆市的渔业总产值由 2005 年的 23.8 亿元上升到 2013 年的 53.8 亿元,年平均增长率为 10.7%。第四,贵州省的渔业发展水平排名第四。贵州省的渔业总产值由 2005 年的 9.4 亿元上升到 2013 年的 38.3 亿元,年平均增长率为 19.2%。总之,2005~2013 年,重庆市、四川省、贵州省、云南省的牧业总产值排名如下:四川省>云南省>重庆市>贵州省（图3-5）。

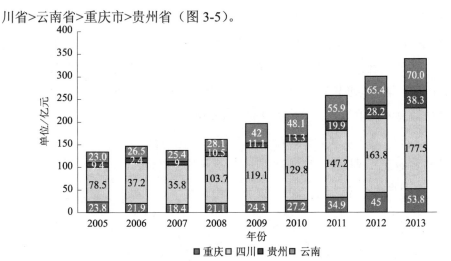

图3-5　2005～2013年长江上游典型地区渔业总产值

资料来源：历年《中国区域经济统计年鉴》数据

2. 农业品牌创建力度加大

近年来，长江上游很多地区不断加大农产品品牌创建工作力度，将有潜力的农产品生产加工企业、绿色产品作为名牌培育重点，以增强农业品牌的竞争力。例如，2014年，云南省累计"三品一标"有效认证登记单位787家，产品1711个。全省累计共有"三品"有效获证企业728家，产品1652个（含绿色食品生产资料认证），累计认证面积580.88万亩[①]。贵州省农产品质量水平稳步提高，截至2015年9月30日，贵州全省已累计认定无公害产地2567个，累计通过无公害农产品认证产品1867个。现有有效绿色食品企业25家，产品74个，累计已有24个产品获得农业部农产品地理标志登记保护[②]。2015年，四川省认定无公害种植业产品产地5682.6万亩，建成绿色食品原料基地1834万亩，有机农产品原料基地167万亩，141个县已开展无公害农产品产地认定整体推进工作，广元、遂宁、眉山、巴中等4个市认定为"四川省农产品产地无公害化市"；认定无公害畜产品基地763个，无公害水产品基地298个；认证登记"三

---

① 参见《云南打造高原特色农业"世界名片"》，http：//www.huaxia.com/qcyn/ynyw/ynsx/2015/09/4560377.html。

② 参见《贵州农业蓝图：2020年县乡农产品质量安全监测全覆盖》，http://www.gznw.gov.cn/content/2015-10-27/basicinfo/280779.html。

品一标"农产品 5136 个，居全国前列，西部第一①。

3. 农业专业合作组织建设力度大

长江上游地区围绕特色种植、主导产业和畜牧养殖业发展，建设了一批农民专业合作组织，不仅促进了农业产业化经营，而且促进农民增效增收。例如，2012 年，四川省经工商登记注册的农民专业合作社总数 27 241 个，平均每个乡镇 5 个；入社成员 224 万户，带动农户 475 万户，入社成员和带动农户占全省农户总数的 34.5%。截至 2011 年年底，贵州省在工商登记的农民专业合作社有 8786 个，成员 39.33 万个，带动非成员农户 97.16 万户；有注册商标的合作社 522 个，通过农产品质量相关认证的 225 个，参与信用合作组建资金互助合作社的 195 个（杨秋兰，2012）。近年来，云南省强化工作措施，大力推进农民专业合作社发展。截至 2012 年 12 月底，农民专业合作组织达 15 767 个（冯雅进，2013）。截至 2014 年年底，重庆市在工商登记注册的农民专业合作社总数已达 22 560 个，比 2013 年新增 3289 个（龙丹梅，2015）。

4. 休闲农业发展较快

随着各项重点工作的推进，全国休闲农业与乡村旅游示范县、全国休闲农业与乡村旅游示范点、中国最有魅力休闲乡村、全国休闲农业星级企业等品牌已经在全国范围形成较大影响力，成为许多地方发展休闲农业和吸引消费者的响亮名片（张荣生，2012）。长江上游流域积极响应国家号召，以全新理念定位农业发展思路，加快农业产业结构调整，大力推动农业现代化建设，休闲观光农业迎来了一个发展机遇期。休闲农业旅游突破了传统农业的范畴，兼顾了物质与精神的需求，通过农业与旅游的有机结合，实现了农业产业的延伸与发展，充分展示了旅游在新农村建设中的积极作用。在 2014 年公布的全国休闲农业与乡村旅游示范县、示范点名单中，长江上游典型地区国家级休闲农业示范县有如下几个：重庆市武隆县、四川省武胜县、贵州省凤冈县、云南省澄江县。长江上游典型地区休闲农业与乡村旅游示范点情况如下：重庆市 4 个，四川省 4 个，贵州省 3 个，云南省 3 个。这表明长江上游地区生态休闲农业发展比较快。

---

① 参见《2015 年四川省农产品质量安全情况分析》，http：//www.sc.gov.cn/10462/10464/10465/10574/2016/3/4/10371885.shtml。

5. 充分利用地理优势，发展生态农业

长江上游地区具有丰富的自然资源。

贵州地处云贵高原东部，属亚热带高原季风气候区，山川秀丽，风景优美，气候宜人，夏无酷暑，冬无严寒，雨热同季，是我国唯一兼具低纬度、高海拔、寡日照的省区，全省气候冷凉，昼夜温差大，农作物发育周期相对较长，有利于干物质和营养成分的积累。由于气候凉爽，无高温侵蚀，贵州农产品生产过程中病虫害发生的概率较低，农业面源污染很少，土地多为无污染的净土，是全国少有的无公害农产品、绿色农产品和有机农产品生产的理想之地（罗石香，2015）。因此，贵州省立足生态、气候、资源优势，大力发展蔬菜、茶叶、马铃薯、中药材、水果、生态畜牧业、水产和小杂粮八大特色优势产业，已初步形成具有较强市场竞争力的优势特色产业带和西南地区重要的山区特色农业发展优势区。

云南省充分利用其独特的地理优势，突出的气候优势，丰富多彩的物种优势等多种优势，打响"丰富多样、生态环保、安全优质、四季飘香"4 张名片，打造在全国乃至世界有优势、有竞争力的绿色战略品牌，推进"高原粮仓、特色经作、山地牧业、淡水渔业、高效林业、开放农业"六大特色农业，正努力走出一条具有云南高原特色的生态农业发展之路。

四川省渠县充分利用县域资源，坚持以发展林业绿色产业为主导，依托企业、业主大户带动发展，实现了"市场+龙头+基地+农户"的良性循环，呈现出种植、养殖、加工、服务、森林旅游五业并进发展的新局面，林业资源优势有效转化为产业经济优势。

6. 采用生态农业生产技术，大力推广复合生态农业模式

长江上游地区采用生态农业生产技术，如选育或引进优良品种，采用科学的种植和管理技术等生产技术，大力推广复合生态农业模式，着力推动经济效益、社会效益、生态效益三者合一。

四川省江安县围绕长江上游生态产业文明示范县的目标，坚持走"绿色发展、创新驱动、内生增长"的发展路子，以省级新农村示范片江南特色农业效益基地和江北现代农业示范基地建设为抓手，推进生猪、高粱、林竹、水果、蔬菜等规模种养，重点规划和打造"二区三带"，即生猪产业化示范区、江南优质竹产业示范区、沿江酿酒粮食产业示范带、宜泸高速江安段优质茗茶产业示

范带和沿江生态观光农业示范带，着力推动速度、效益、质量同步跃升，探索一条生态发展的"江安路径"（曾明全，2013）。

7. 提高资源利用率的立体种植生态模式

立体种植是在半人工或人工环境下模拟自然生态系统原理进行生产种植。立体农业充分考虑到农业生态系统的时间和空间结构，建立立体种植业或养殖业空间布局。立体农业不仅可以合理利用空间资源，促进物质能量有效循环，而且可以避免污染物进入生态系统，实现经济收益和生态收益的有机统一。长江上游很多地区充分利用自身独特的地域优势，发展立体种植的生态农业模式，不仅保护了当地的生态环境，而且增加了农民的经济收入。例如，重庆市荣昌区积极转变农业发展方式，大力发展"立体农业"，重点培育打造笋竹、蚕桑、蔬菜、养殖四大产业。同时，以农产品加工业为龙头，种、养、加互助，实现"加工-养殖+沼气-种植-加工"的有机循环，延长产业链条，提高农业产业的综合效益。

8. 充分利用沼气和太阳能，发展生态农业

长江上游地区初步建立了以土地为基础，以沼气为纽带，形成农带牧、以牧促沼、以沼促果、果牧结合的生态农业循环体系。2004～2013 年长江上游典型地区大力发展生态农业，建设了大量的农业废弃物沼气工程和农村太阳房，建设了大量的农村生活污水净化沼气池、农村太阳灶台及太阳能热水器。

（1）建设大量的农业废弃物沼气工程

大中型沼气工程技术，是一项以开发利用养殖场粪污为对象，以获取能源和治理环境污染为目的，实现农业生态良性循环的农村能源工程技术（刘红艳，2012）。2004～2013 年，长江上游典型地区建立大量的农业沼气工程（表3-1），沼气池产气总量大幅度提升。

表 3-1　长江上游典型地区 2004～2013 年处理农业废弃物沼气工程（单位：万 m³）

地区	2004 年	2005 年	2006 年	2007 年	2008 年	2009 年	2010 年	2011 年	2012 年	2013 年
重庆	943.1	55.8	199.3	322.8	470.4	783.6	1233.4	2421.4	2 773	2 719
四川	1 109.1	886.4	1 140.3	1 672.7	5 131.2	7 745.7	10 159.1	22 504.0	27 825	29 818
贵州	4.2	4.2	—	28.1	74.2	1 282.4	856.1	2 319.1	2 695	3 125
云南	4.5	4.7	11.6	46.1	54.5	126.4	116.2	115.0	410	236

资料来源：历年《中国环境统计年鉴》的数据

（2）沼气池产气总量情况

长江上游典型地区农村沼气池产气总量排序如下。四川省农村沼气池产气总量最大，从 2004 年的 86 756 万 m³ 上升为 2013 年的 235 457 万 m³，增加了 148 701 万 m³；云南省农村沼气池产气总量排名第二，从 2004 年的 60 952 万 m³ 上升为 2013 年的 130 798 万 m³，增加了 69 846 万 m³；贵州省农村沼气池产气总量排名第三，从 2004 年的 23 246 万 m³ 上升为 2013 年的 67 221 万 m³，增加了 43 975 万 m³；重庆市农村沼气池产气总量排名第四，从 2004 年的 18 021 万 m³ 上升为 2013 年的 44 305 万 m³，增加了 26 284 万 m³（表 3-2）。

表 3-2 长江上游典型地区 2004～2013 年沼气池产气总量 （单位：万 m³）

地区	2004 年	2005 年	2006 年	2007 年	2008 年	2009 年	2010 年	2011 年	2012 年	2013 年
重庆	18 021	20 807	22 573	26 557	30 061	37 369	42 932	46 621	44 987	44 305
四川	86 756	102 997	121 912	139 956	156 626	176 136	192 240	214 486	225 288	235 457
贵州	23 246	36 381	45 893	66 332	76 757	80 961	74 762	72 146	69 224	67 221
云南	60 952	70 641	83 608	9 209	97 990	113 726	115 610	128 416	131 599	130 798

资料来源：历年《中国环境统计年鉴》的数据

9. 发展生态农业园区

长江上游地区以绿色发展、打造高效生态农业为发展思路，积极转变农业发展模式，建设了很多生态观光农业园区。例如，重庆积极打造了重庆台湾农民创业园、重庆市生态农业示范区、重庆市（江津）现代农业园等多个农业示范园区，现在还在积极筹建多个生态观光农业园区。贵州省建成了贵州食用菌产业示范园区、威宁蔬菜产业示范园区、大方县蓝雁现代农牧业示范园区等多个生态农业示范园区。四川省提出"依托丰富资源、夯实基础设施、吸引社会资本、发展农业园区"的发展思路，建成了遂宁市鑫阳循环农业科技园、玉虹桥生态农业园、宜宾国家农业科技园区等多个农业生态园区。这些农业生态园区的建设，带动了当地农业的发展，增加了农民收入。

（二）长江上游地区生态农业发展的问题

1. 滥用农药、化肥，农产品质量差

目前长江上游很多地区农业生态循环模式看起来像循环经济模式，即"自然界—产品—废弃物—自然界"。但是这种农业循环模式还存在如下问题：①过度使用农药、化肥，造成农产品中农药和重金属严重超标，造成农产品质量严重下降，生态环境不断恶化。2005～2013 年，长江上游典型地区（重庆、四川、贵州、云南）的农用化肥使用量和化肥施用量基本呈现出逐年递增的趋势。②农业污染物排放量较多。根据《中国环境年鉴 2012》的数据，2011 年长江上游典型地区重庆、四川、贵州、云南的化学需氧量排放分别为 12.7 万 t、54.9 万 t、5.6 万 t、7.3 万 t。

2. 生态环境不断恶化

长期以来，由于滥用甚至违规违法使用农药、化肥、农膜等投入品，以及农作物病虫草鼠害频繁发生，长江上游地区生态环境不断恶化，具体表现在以下方面：第一，长江上游地区耕地质量不断下降，耕地肥力下降，有害物质富集，农产品质量难以达标；第二，长江上游地区水土流失比较严重，沙化土地面积呈现出不断增加的趋势。

3. 农产品生产加工的综合利用率低

农业废弃物是指在整个农业生产过程中被丢弃的物质，主要包括：农业生产过程中产生的动物类残余废弃物，或者是农业生产或加工过程中产生农业类残余废弃物，如农作物秸秆、动物的粪便、废木屑、玉米芯等（杨春和等，2008）。这些废弃物若是得不到合理利用，可能会对环境造成较大的污染。在农林废弃物中最常见的是秸秆利用的问题，我国目前秸秆利用率约为 33%，其中大部分未经处理，经过技术处理后重新利用的仅仅为 2.6%。农村大部分秸秆都是被农民直接用于烧火做饭，但是秸秆直接燃烧的热效率十分低下，仅仅为10%左右。

长江上游地区农产品废弃物综合利用率也较低，具体如下：第一，长江上游地区秸秆沼气集中供气点较少。例如，2010 年四川省沼气供气点仅两处，而云南、西藏和陕西没有秸秆沼气集中供气点。第二，长江上游地区秸秆固化成型年产量不高。例如，长江上游 4 个典型地区（重庆、云南、四川、贵州）中，只有四川和云南两个省份秸秆固化成型年产量较高，其余两个省份没有秸秆固化成型燃料。

4. 产业化水平低，综合效益不高

发展生态农业的根本目的是实现生态效益、经济效益和社会效益的统一，但是在长江上游很多农村地区，农业产业化整体发展水平相对较低，综合效益不太高。具体表现如下：第一，农业生产组织化程度低，以家庭为单位的农户分散经营，经营规模固化，制约了农业的规模化经营，没有形成集约经营的规模效益。第二，农业产业化技术力量薄弱，科技创新能力较低。在种植及养殖上，新品种更新换代能力较弱，在生产方式上基本还是粗放型的经营方式。

5. 生态农业技术水平普遍不高

所谓生态农业技术，是指根据生态学、生物学和农学等学科的基本原理及生产实践经验而发展起来的有关生态农业的各种方法和技能。在一个生态农业系统中，往往包含了多种组成成分，这些成分之间具有非常复杂的关系。例如，为了在鱼塘中饲养鸭子，就要考虑鸭子的饲养数量，而鸭子的数量将受到水的交换速度、水塘容积、水体质量、鱼的品种类型和数量、水温、鸭子的年龄和大小等众多条件的制约。长江上游地区农民们普遍文化水平较低，农民们并没有专业的生态农业技术知识去设计这个复合生态系统，而是简单地照搬其他地方的经验，很难取得成功，严重制约着生态农业的可持续发展。

6. 科技投入支撑不足，成果转化有待加强

长江上游很多地区的科技投入强度不够，成果转化能力需要进一步加强。例如，2006～2011 年，重庆、四川、贵州、云南 4 个省份的研究与开发经费支出占 GDP 的比重均低于全国平均水平，这说明长江上游很多地区对科技的投入力度远远不够，科技支撑力较为不足。

（三）长江上游地区生态工业发展现状

生态工业是指根据生态经济学原理，运用生态规律、经济规律和系统工程的方法来经营和管理，以资源节约、产品对人和生态环境损害轻和废弃物多层次利用为特征的一种现代化的工业发展模式（马传栋，1991）。它要求综合地运用生态、经济规律和一切有利于工业生态经济协调发展的现代科学技术，从宏观上协调由工业经济系统和生态系统结合成的工业生态经济系统的结构和功能，协调工业的生态、经济和技术关系，促进工业生态经济系统的物质流、能量流、信息流、人流和价值流的合理运行。长江上游生态工业发展现状如下。

1. 长江上游地区工业保持着持续增长的态势

2005~2014 年，长江上游典型地区（重庆、四川、贵州、云南）工业总产值如表 3-3 所示。第一，四川省的工业发展速度最快。四川省的工业总产值一直保持持续增长的态势，工业增加值从 2005 年的 2527.1 亿元到 2014 年的 11 852 亿元。第二，重庆市的工业发展速度排名第二。重庆市的工业总产值一直保持持续增长的态势，工业增加值从 2005 年的 1293.9 亿元到 2014 年的 5175.8 亿元。第三，云南省的工业发展速度排名第三。云南省的工业总产值一直保持持续增长的态势，工业增加值从 2005 年的 1168.7 亿元到 2014 年的 3899 亿元。第四，贵州省的工业发展速度排名第四。贵州省的工业总产值一直保持持续增长的态势，工业增加值从 2005 年的 707.4 亿元到 2014 年的 3140.9 亿元。总之，2005~2014 年，长江上游典型地区工业发展速度排名如下：四川省>重庆市>云南省>贵州省。

表 3-3　长江上游典型地区工业增加值　　　　（单位：亿元）

地区	2005 年	2006 年	2007 年	2008 年	2009 年	2010 年	2011 年	2012 年	2013 年	2014 年
重庆	1 293.9	1 566.8	2 004.5	2 607.2	2 917.4	3 697.8	4 690.5	4 981.0	4 632.2	5 175.8
四川	2 527.1	3 144.7	3 921.4	4 956.1	5 678.2	7 431.5	9 491.1	10 550.5	11 540.9	11 852
贵州	707.4	839.1	978.9	1 195.3	1 252.7	1 516.9	1 829.2	2 217.1	2 686.5	3 140.9
云南	1 168.7	1 401.6	1 696.3	2 051.7	2 088.2	2 604.1	2 994.3	3 450.7	3 763.6	3 899

资料来源：云、贵、川、渝历年统计年鉴的数据

2. 长江上游地区能源消耗情况

（1）长江上游地区能源消费总量

2000~2013 年，长江上游典型地区（重庆、四川、贵州、云南）的能源消费总量呈现出逐年递增的趋势，其中四川省的能源消费总量最高，从 2000 年的 6518 万 t 标准煤上升到 2013 年的 17 774.6 万 t 标准煤，云南省的能源消费总量排名第二，贵州省的能源消费排名第三，重庆市的能源消费总量最低。

（2）长江上游地区主要能源消费类别

长江上游地区能源消耗以煤炭、原油、汽油、煤油、柴油、燃料油、天然气和电力为主。长江上游地区能源消费具有如下几个特点：第一，工业燃料和

动力的 70%～90%由原煤提供，如重庆市工业能源消费结构中，煤炭占 83%，四川省煤炭消费在 74%～85%，贵州省、四川省煤炭消费甚至达到 90%。各省份煤炭消费总量见表 3-4。第二，工业燃料和动力消费排第二的是电力消费（表3-5），再次是汽油和柴油。第三，工业能源消费比较少的是煤油、天然气等能源。总之，当前长江上游地区经济发展处于快速发展阶段，随着工业化进程的加快，对资源的利用越来越大，原材料使用大幅度提升，导致环境污染越来越大。这说明"高能耗、高污染、资源型"工业仍是长江上游地区工业结构的基本特征。

表 3-4　长江上游典型地区煤炭消费总量　　　　　（单位：万 t）

地区	1990 年	1995 年	2000 年	2005 年	2006 年	2007 年	2008 年	2009 年	2010 年	2011 年
重庆	—	—	2 942	4 196	4 690	5 110	5 273	5 782	6 397	7 189
四川	6 646	8 909	4 862	8 513	9 160	10 191	10 727	12 147	11 520	11 454
贵州	2 709	3 946	5 146	7 921	8 995	9 573	9 732	10 912	10 908	12 085
云南	2 194	2 765	3 062	6 682	7 482	7 620	7 916	8 886	9 349	9 664

资料来源：历年《中国能源统计年鉴》的数据
注：1996 年以前重庆包括在四川省内

表 3-5　长江上游典型地区电力消费总量　　　　　（单位：亿 kW·h）

地区	1990 年	1995 年	2000 年	2005 年	2006 年	2007 年	2008 年	2009 年	2010 年	2011 年
重庆	—	—	308	349	405	449	486	532	625	717
四川	350	583	462	943	1059	1178	1213	1362	1549	1963
贵州	103	204	335	487	582	669	679	750	836	944
云南	125	224	317	557	646	746	829	891	1004	1204

资料来源：历年《中国能源统计年鉴》的数据
注：1996 年以前重庆包括在四川省内

3. 长江上游典型地区能源利用率

近年来，工业污染与资源、生态环境之间矛盾越发凸显，受到国家和有关部门的高度重视，"节能减排、循环经济"等已被提上议事日程，生态工业作为实现循环经济的重要手段也备受学术界和各级政府的青睐。近几年来，长江上游地区工业发展虽然取得了一定的进展，如单位 GDP 能源消耗、万元工业增加值用水量比"十二五"时期均所降低，工业固体废弃物综合利用率、城市污水处理率也得到了一定的提高。根据历年《中国区域经济统计年鉴》数据，绘制了 2005～2011 年长江上游地区单位 GDP 能耗的条形图（图 3-6）、单位工业增加值能耗的折线图（图 3-7），具体分析如下。

第一，长江上游地区单位 GDP 能耗情况（图 3-6）。单位 GDP 能耗是反映能源消费水平和节能降耗状况的主要指标，该指标体现一个国家经济活动中对能源的利用程度，反映经济结构和能源利用效率的变化。单位 GDP 能耗越低，说明能源利用效率越高，节能降耗水平越高。从图 3-6 可知，2005～2011 年，长江上游典型地区的单位 GDP 能耗呈现出不断下降的趋势，这表明长江上游地区能源消费水平不断降低，能源利用效率不断提高，节能降耗水平越来越高。

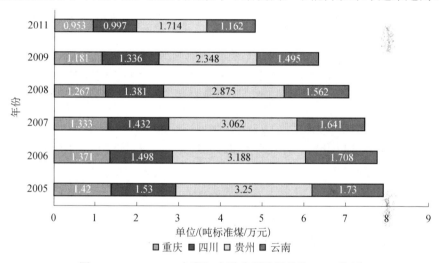

图 3-6　2005～2011 年长江上游典型地区单位 GDP 能耗

资料来源：历年《中国区域经济统计年鉴》的数据，由于统计年鉴未统计 2010 年单位 GDP 能耗，故未做统计

第二，长江上游地区单位工业增加值能耗情况（图 3-7）。单位工业增加值能耗指一定时期内，一个国家或地区每生产一个单位的工业增加值所消耗的能源。单位工业增加值能耗=综合能耗（吨标准煤）/工业增加值（万元）。单位工业增加值能耗越小表明能源使用效率更高，反之则表示能耗使用效率低。2005～2011 年，长江上游地区紧紧围绕节能减排工作目标，加快产业结构调整，加大工业节能降耗工作力度，能源利用效率取得一定成效。例如，贵州省的单位工业增加值能耗由 2005 年的 5.38 吨标准煤/万元，下降到 2011 年的 3.974 吨标准煤/万元；云南省的单位工业增加值能耗由 2005 年的 3.55 吨标准煤/

万元，下降到 2011 年的 2.468 吨标准煤/万元。

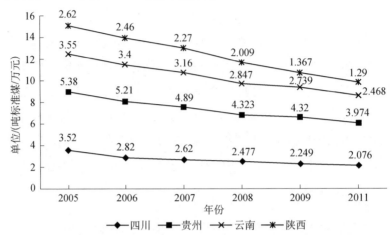

图 3-7　2005～2011 年长江上游典型地区单位工业增加值能耗

资料来源：历年《中国区域经济统计年鉴》的数据，由于统计年鉴未统计 2010 年单位 GDP 能耗，故未做统计

4. 深入开展工业循环经济

长江上游地区以开发利用再生能源为突破口，构建支撑经济社会可持续发展的清洁能源循环圈，以提高资源效率为中心，深入开展循环经济。例如，重庆市实施了万州经济技术开发区、涪陵白涛化工园区、江津珞璜工业园区等循环化改造工程，推荐长寿经济技术开发区申报国家园区循环化改造示范试点。开展国家级餐厨废弃物资源化利用和无害化处理试点，通过特许经营方式，推动重庆市主城区餐厨垃圾集中处理，启动了区域性中心城市餐厨垃圾处理试点工作。加快推进资源综合利用"双百"工程建设，长寿区产业废弃物综合利用示范基地纳入国家试点。争取国家支持，组织实施了一批工业固体废弃物和农业循环经济利用重点项目，取得良好效果。贵州省将循环经济重点工程作为发展循环经济的着力点和突破口，加快培育省级循环经济示范试点，认定六盘水市、台江经济开发区、贵州岑巩经济开发区、六枝路喜循环经济产业基地、黔桂发电有限责任公司、贵州盘江煤电建设工程有限公司等一批省级循环经济示范城市、园区、企业，积极探索发展了循环经济的有效模式。云南省从降低工业用地成本、降低企业融资成本、降低工业用电成本、实施产业负面清单、强化财税政策导向、强化工业人才支撑、优化发展环境等 7 个方面开展对工业的

循环化改造。

5. 建设了大量的生态工业园区

近年来，长江上游地区以创新驱动、转变方式、调整结构为主线，大力发展生态工业，建设了大量的生态工业园区。例如，重庆市长寿区、武隆县、忠县等区县坚持生态保护和工业发展并举的工业发展模式，建设了长寿移民生态工业园区、忠县移民生态工业园区、璧山工业园区等多个生态工业园区。贵州省以现有产业园区为基础，加快园区转型升级，促进园区的特色发展、创新发展和协调发展，重点规划培育贵安新区电子信息产业园、小孟工业园、贵阳国家高新区、遵义航天高新技术产业园、贵阳国家级新材料产业化基地等多个生态工业园区。

6. 实现了对现有工业的清洁化改造

近年来，长江上游地区推行环保技术标准，实施工业企业生态技术改造，实现了对现有工业的清洁化改造。例如，重庆市推动主城区餐厨垃圾集中处理，启动了区域性中心城市餐厨垃圾处理试点工作，以及争取国家支持，组织实施了一批工业固体废弃物和农业循环经济利用重点项目，取得良好效果。云南省通过淘汰落后、技术改造、节能减排、清洁生产和两化融合等手段，推动了原材料工业结构调整，实现了对部分企业的清洁化改造。四川省积极加强企业能源管理和节水管理体系建设，在化工、冶金、建材、纺织等行业开展能源管理体系建设试点，推动"百户企业节水行动"企业建立节水管理体系。

7. 新能源产业发展迅速

随着现代化建设的加速，能源的消耗不断增长，传统能源煤、石油、天然气面临枯竭，并伴随着环境污染的加剧。在这样的环境下，新能源作为一种高效率、低污染的产业迅速发展起来，发展新能源产业成为长江上游地区应对能源危机、实现可持续发展的主要发展战略之一。长江上游地区新能源产业发展迅速，光伏产业、生物质能、风能等产业得到较快的发展。例如，重庆市的光伏产业发展快速，原料-电池-系统设备光伏产业链群已初具规模，生物质能和风能产业已具备良好发展基础。以万州等为中心区域已形成具有优势特色的晶硅原料基地，重庆大足积极打造百亿光电产业集群，发展以聚光光伏系统为特色的光伏装备制造业。生物质能产业在重庆也已有一定规模和基础。四川新能源产业起步比较晚，相较于传统能源并不具有竞争优势，但是四川在新能源发展上具备一些其他地区没有的优势。在核电发展上，四川目前已形成规模较大、体系完善的核工业专业队伍（如中国核动力研究设计院、西南电力设计院、东方电气集团公司）；在太阳能产业上，四川省的太阳能发电材料产业也初具规模，形成了以天威新能源为龙头，以阿波罗太阳能、成都光电、碧晶科技、新光硅业等为主干，以南玻集团光伏特种玻璃、川开电气设备、建中蓄电池等为配套的规模将近 100 亿元的太阳能产业集群。

（四）长江上游地区生态工业存在的问题

1. 工业污染有所改善，但情况仍不容乐观

近年来，长江上游地区采取多种措施（如建立监测预警应急体系），妥善应对重污染天气；加大工业企业治理力度，减少污染物排放；加快淘汰落后产能，推动产业转型升级；加快调整能源结构，强化清洁能源供应；严格节能环保准入，优化产业空间布局；加快企业技术改造，提高科技创新能力，这些措施使得长江上游地区的工业污染状况有所改善，但是情况仍然不容乐观，长江上游地区工业污染依然较为严重。长江上游典型地区（云南、贵州、四川、重庆）工业废水、废气排放情况、工业固体废物综合利用情况如表 3-6～表 3-8 所示。

表 3-6　工业废气排放总量（2004～2013 年）　（单位：亿标准立方米）

地区	2004 年	2005 年	2006 年	2007 年	2008 年	2009 年	2010 年	2011 年	2012 年	2013 年
重庆	3 541	3 655	6 757	7 617	7 351	12 587	10 943	9 121	8 360	9 532
四川	7 466	8 140	10 553	22 970	12 997	13 410	20 107	23 171	21 910	19 760
贵州	4 182	3 852	8 344	10 356	6 842	7 786	10 192	10 820	14 312	24 467
云南	4 940	5 444	6 646	8 082	8 316	9 484	10 978	17 545	14 955	15 958

资料来源：历年《中国环境统计年鉴》的数据

表 3-7　工业废水排放总量（2004～2013 年）　（单位：万 t）

地区	2004 年	2005 年	2006 年	2007 年	2008 年	2009 年	2010 年	2011 年	2012 年	2013 年
重庆	83 031	84 885	86 496	69 003	67 027	65 684	45 180	33 954	30 611	33 451
四川	119 223	122 590	115 348	114 687	108 700	105 910	93 444	80 420	69 984	64 864
贵州	16 119	14 850	13 928	12 101	11 695	13 478	14 130	20 626	23 399	22 898
云南	38 402	32 928	34 286	35 352	32 996	32 375	30 926	47 228	42 811	41 844

资料来源：历年《中国环境统计年鉴》的数据

表 3-8　一般工业固体废物综合利用量（2004～2013 年）　　（单位：万 t）

地区	2004 年	2005 年	2006 年	2007 年	2008 年	2009 年	2010 年	2011 年	2012 年	2013 年
重庆	1093	1329	1331	1623	1851	2077	2317	2585	2569	2695
四川	3407	3850	4187	5048	5696	4952	6159	6002	6052	5780
贵州	1838	1658	2108	2252	2339	3351	4174	4015	4839	4160
云南	1633	1646	2463	3036	3827	4265	4798	8728	7938	8414

资料来源：历年《中国环境统计年鉴》的数据

　　根据表 3-6～表 3-8 绘制长江上游地区工业废水排放总量、工业废气排放量及一般工业固体废物综合利用量的折线图（图 3-8、图 3-9）和柱形图（图 3-10）。从图形可知长江上游典型地区工业废水、废气排放和固体废物利用情况如下。第一，工业废气排放情况。2004～2013 年，重庆、四川、贵州和云南的工业废气排放量基本呈现出不断上升的态势，这说明长江上游地区的工业废气排放量较大。第二，工业废水排放情况。2004～2013 年，长江上游典型地区工业废水排放量呈现出基本呈现出不断下降的态势。第三，一般工业固体废物综合利用量情况。2004～2013 年，长江上游地区一般工业固体废物综合利用量基本呈现出不断上升的态势，这表明长江上游地区工业固体废物综合利用率逐渐提高。总之，长江上游地区工业污染的治理方面取得了一定的成效，如一般工业固体废物综合利用率逐年提高、工业废水排放量有所降低，但是工业污染还是比较严重，如工业废气排放量呈现出不断上升的趋势，长江上游地区在工业污染治理方面还有大量的工作要做。

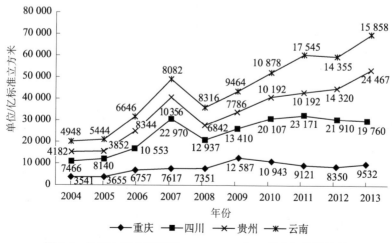

图 3-8　长江上游典型地区 2004～2013 年工业废气排放总量

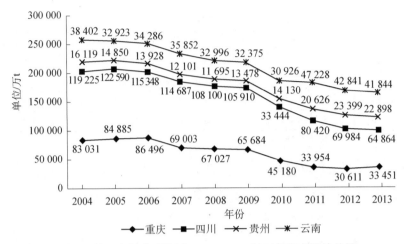

图 3-9　长江上游典型地区 2004～2013 年工业废水排放总量

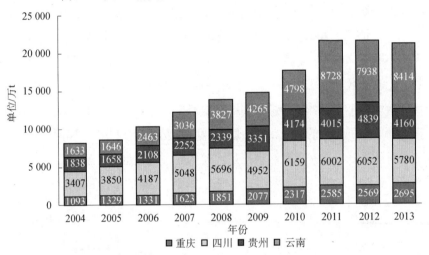

图 3-10　2004～2013 年一般工业固体废物综合利用量

2. 资源综合利用率不高

长江上游地区经济发展进程中，经济增长主要依靠投资拉动，资源利用率低。从资源的利用效率来看，长江上游地区资源综合利用率总体不高，远远低于国际先进水平，长江上游地区工业发展呈现出明显的高投入、高能耗、高污染、低质量、低效益的粗放型特征，这种方式带来了严重的环境污染问题。

3. 其他问题

长江上游地区生态工业园区还存在如下问题：①污染控制不足。长江上游大多数生态工业园在规划中都将产业链的设计作为重点，将生态工业园的建设等同于物质的闭环流动，忽视了生态工业园区的污染控制。②投资建设存在风险。目前，长江上游地区生态工业园在实践过程中还存在许多风险，如技术风险、投资风险、政策风险等。总之，长江上游地区生态工业发展存在诸多的不确定因素，在一定程度上制约着生态工业园区的发展。

4. 工业内部中重型化趋势明显，资本与资源密集型特征明显

2005～2013 年，长江上游地区重工业的比重比较高，而且呈现出不断上升的趋势。例如，贵州省 2005 年的重工业比重为 77.47%，2011 年上升到 78.57%；而轻工业占工业总产值的比重则呈现出逐年下降的趋势。长江上游地区在工业化发展过程中，存在着资本与资源密集型的特征。

（五）长江上游地区生态服务业发展现状

生态服务业是以生态学理论为指导，依靠技术创新和管理创新，按照服务主体、服务途径、服务客体的顺序，围绕节能、降耗、减污、增效和企业形象理念实践于长远发展的新兴服务业（文传浩等，2013）。生态服务业主要包括生态旅游业、绿色物流业、绿色商贸业。长江上游地区坚持生态环保，合理开发资源，重视节能减排，倡导低碳发展，开展绿色消费，实现了生态服务业可持续发展。本书主要以绿色物流业和生态旅游业为例，阐述长江上游地区生态服务业发展现状。

1. 绿色物流业发展现状

（1）政策法规不健全，绿色行业制度滞后

企业的环境行为不仅要依靠自身的自觉性，更需要具有强制性的政策法规来规范，在物流活动绿色化的过程中也是如此。长江上游地区出台了很多关于环境保护的法律法规，如重庆市出台了《重庆市环境保护条例》、贵州省出台了《贵州省环境保护条例》。但是，长江上游地区针对物流活动对环境影响规制的专门法律很少，有关部门对物流活动的环境管理一般只能参照某些环保法规中的有关条款，对企业环境行为的监督力度不足，不能保证市场运行的公平性、大大降低了企业的自觉性。同时，由于资源政策缺乏系统性、完整性和针对性，相比一些发达国家而言，长江上游地区在环境立法上量刑偏轻，因而不能给企业创造一个公

平的市场环境，这严重阻碍了长江上游地区绿色物流的发展。

（2）不断完善绿色物流基础设施

发展绿色物流最重要的任务之一就是减少公路运输量，长江上游地区不断加强了铁路、海运和航空物流基础设施的建设，物流发展环境明显改善。例如，重庆市加大了各大物流枢纽和物流基础设施建设的力度，形成了"三基地四港区"的物流系统，"一江两翼三洋"国际物流大通道战略规划获得认可并稳步实施，并确立了国家级、市级、地区级、特色园区、城乡配送网络 5 级物流平台差异化联动发展思路，西部国际物流中心地位日趋凸显。云南省在交通运输、仓储设施、信息通信、货物包装与装卸等物流设施和装备等方面已经初具规模，为建立现代绿色物流业奠定了良好的基础。

（3）缺乏先进的绿色物流技术装备

长江上游地区在绿色物流技术方面，还处于自发阶段，缺乏政府全局性的物流系统统一规划。各生产和物流企业缺乏对企业物流流程的反思和改造。具体表现为：缺乏先进、高效的物流设备，传统的物流技术、工艺仍占主导地位，设计包装材料及包装方式时未能考虑绿色物流的要求。

（4）绿色物流专业人才短缺

长江上游地区绿色物流发展的滞后除了政策、观念、技术等方面的原因，也和相关物流人才的缺乏有关。21 世纪的社会经济发展对于物流人才的需求量急剧上涨，但由于物流在中国的起步较晚，高校中开设物流管理专业的数量不多，物流人才出现严重短缺，加剧了物流人才的供需矛盾。同时，由于规范的职业教育和完整的培养体系的缺乏，众多物流人才的知识结构较为单一、素质不高、能力不强。长江上游地区对于绿色物流的研究才刚刚起步，对于绿色物流理论和实践经验的研究和投入少之又少，使得长江上游地区绿色物流专业人才严重供不应求，阻碍了绿色物流业的发展。

2. 长江上游地区生态旅游业发展现状

加快发展特色旅游业，打造长江上游绿色生态旅游基地。把生态农业与旅游开发相结合，拓展旅游开发深度，不断提升生态旅游的知名度。

（1）充分利用自然资源优势，发展生态旅游业

长江上游地区具有丰富的自然风景旅游资源。例如，贵州省具有独特的喀

斯特生态旅游资源。贵州是我国最大的喀斯特省，喀斯特面积约占整个省份面积的 73%。发育了一套最典型的最显著的喀斯特峰林、瀑布、峰谷、洞穴等自然景观，构建了奇山秀水的自然风光。重庆市独特的地理条件为重庆塑造了集山、水、林、泉、瀑、洞、峡为一体，并有峡谷风光最为突出的奇特的自然旅游资源。云南省以独特的高原风光，热带、亚热带的边疆风物和多彩多姿的民族风情，闻名于海内外。长江上游地区旅游资源十分丰富，已经建成一批以高山峡谷、现代冰川、高原湖泊、石林、喀斯特洞穴、火山地热、原始森林、花卉、文物古迹、传统园林及少数民族风情等为特色的旅游景区。长江上游很多地区充分利用这些自然和文化旅游资源优势，积极探索旅游发展新路子，大力发展生态旅游业。

（2）依据长江上游地区独特的文化优势，发展生态文化旅游业

长江上游地区抓住文化产业发展机遇，发掘自身独特的历史文化资源，大力打造生态旅游文化品牌，发展生态文化旅游业。例如，贵州省拥有绚烂的历史文化，浓郁的红色文化，同时拥有绚丽多姿的民族风情生态文化旅游资源，具有苗族、布依族、侗族、水族、仡佬族等多民族文化及国酒文化。近年来，贵州省在积极探索和不断实践中，充分利用这些文化优势，发展生态文化旅游业，成功打造了"多彩贵州"旅游文化品牌，有效搭建了旅游基础设施建设，这些都为贵州旅游业发展奠定了良好的基础。云南是生物繁衍地、人类发源地和多元文化的交汇地。在漫长的历史发展进程中，云南形成了许多独特的地方文化，造就了众多的名胜古迹和文化遗产，闪现着滇文化的灿烂与辉煌。如古青铜文化、贝叶文化、南诏文化、东巴文化、彝文化、古爨文化、康巴文化等，不仅丰富了云南旅游的文化内涵，而且是文物考古、民族研究、跨文化寻访的理想之地。云南省着力打造"四大文化品牌"：香格里拉品牌、茶马古道品牌、七彩云南品牌、聂耳音乐品牌。重庆市的云阳、奉节、巫山三县具有极其深厚的文化积淀，三国文化、神女文化等为世人向往，而巫溪县有着 5000 多年历史的远古巫文化、巫巴文化，城口则是连接川、陕、渝三省市的革命老区和边区，红色旅游文化资源非常丰富。重庆市充分利用这些文化旅游资源，着力打造长江三峡生态文化旅游业的品牌。

（3）因地制宜，发展资源环境可承载的特色生态旅游业

长江上游地区坚持保护优先，适度开发的原则，在生态和资源环境可承受的范围内，因地制宜地发展生态旅游业。例如，重庆市以打造世界级的知名旅游品牌和旅游产业园为着眼点，全面推进重庆旅游业的改造升级，因地制宜发展资源环境可承载的特色产业，构建奉节—巫山—巫溪—城口特色旅游经济带。四川省是生态旅游资源大省，素有"天府之国"和"熊猫故乡"的美誉，是长江上游生态屏障建设的重要战略高地。全省幅员面积 48.6 万 km^2，森林覆盖率 35.76%，有大熊猫等野生脊椎动物 1247 种，珙桐等野生高等植物 1 万余种。已建立包括森林、湿地、野生动植物等类型自然保护区 123 个，森林公园 125 个，湿地公园 39 个。四川省依据独特的生态资源优势，目前已形成了大熊猫生态旅游、森林生态旅游、湿地生态旅游和乡村生态旅游四大旅游品牌。

（4）旅游产业地位凸显

国内旅游业人数、旅游收入均有大幅度提升。长江上游流域有许多得天独厚的旅游资源，复杂的地貌特征，多样化的气候类型，悠久的历史文化，众多的民族风情。近年来，长江上游地区纷纷结合自身的优势，大力发展旅游业，使得旅游人数大量增加，旅游收入呈现出逐年递增的趋势。具体如表 3-9、表 3-10 所示。

表 3-9　长江上游典型地区国内旅游人数情况（2005~2014 年）（单位：万人次）

地区	2005 年	2006 年	2007 年	2008 年	2009 年	2010 年	2011 年	2012 年	2013 年	2014 年
重庆	5 965	6 787	8 009	10 001	12 191	16 037	22 020	28 806	30 293	34 651
四川	13 164	16 581	18 570	17 456	21 922	27 141	34 978	43 500	48 700	54 000
贵州	3 099	4 716	6 220	8 151	10 400	12 863	16 961	21 331	26 684	32 049
云南	6 861	7 721	8 986	10 250	12 023	13 837	16 332	19 600	24 000	19 600

资料来源：《中国区域经济统计年鉴》（2006~2015）

表 3-10　长江上游典型地区国内旅游收入情况（2005~2014 年）（单位：亿元）

地区	2005 年	2006 年	2007 年	2008 年	2009 年	2010 年	2011 年	2012 年	2013 年	2014 年
重庆	279	322	414	530	666	868	1203	1577	1891	1913
四川	696	948	1180	1077	1453	1852	2473	3230	3830	4838
贵州	243	378	504	644	798	1053	1421	1849	2358	2883
云南	386	447	495	595	731	917	1196	1579	1962	1579

资料来源：《中国区域经济统计年鉴》（2006~2015）

从表 3-9、表 3-10 可知，2005～2014 年，长江上游典型地区（重庆、四川、贵州、云南）旅游人数基本呈现出不断上升的趋势。其中，四川省的国内旅游人数最多，由 2005 年的 13 164 万人次上升为 2014 年的 54 000 万人次；重庆市的国内旅游人数增长得比较快，2014 年比 2005 年相比，增加了 28 686 万人次。2005～2014 年，四川省的国内旅游收入增长最快，由 696 亿元上升为 4838 亿元，2014 年国内旅游收入比 2005 年翻了 5.95 番；其次是贵州省，贵州省的国内旅游收入由 2005 年的 243 亿元上升到 2014 年的 2883 亿元，2014 年的国内旅游收入是 2005 年的 11.9 倍；再次是重庆市和云南省。

入境旅游发展势头强劲，旅游外汇收入持续上升。近十年来，全球经济在调整与变革中延续低速增长，在全国入境旅游疲软的大背景下，长江上游地区通过进一步完善旅游基础设施，不断推出多样化的旅游产品，切实加大旅游对外宣传营销力度，实现了入境旅游逆势上扬，旅游外汇收入持续上升（表 3-11、表 3-12）。2005～2014 年，各省份的外汇收入呈现出不断上升的趋势。2008 年前，长江上游典型地区外汇收入总数排名：云南>四川>重庆>贵州；2008 年后，长江上游典型地区外汇收入总数排名：云南>重庆>四川>贵州。

表 3-11　长江上游典型地区接待入境旅游者人数情况（2005～2014 年）（单位：万人次）

地区	2005 年	2006 年	2007 年	2008 年	2009 年	2010 年	2011 年	2012 年	2013 年	2014 年
重庆	52.39	60.32	76.17	87.19	104.81	137.02	186.40	224.28	242.26	263.76
四川	106.28	140.18	170.87	69.95	84.99	104.93	163.97	227.34	209.56	240.2
贵州	27.62	32.14	43.00	39.54	39.95	50.01	58.51	70.50	77.70	85.50
云南	150.28	394.44	221.90	250.22	284.49	329.15	395.38	886.4	1043.37	886.4

资料来源：重庆市、四川省、贵州省、云南省 2005～2014 年国民经济和社会发展统计公报

表 3-12　长江上游典型地区国际旅游外汇收入情况（2005～2014 年）（单位：万美元）

地区	2005 年	2006 年	2007 年	2008 年	2009 年	2010 年	2011 年	2012 年	2013 年	2014 年
重庆	52.39	30 872	38 231	44 977	53 721.0	70 320.0	96 800	135 400	126 800	135 400
四川	106.28	39 523	51 243	21 498.4	28 855.9	35 408.8	59 382.5	79 800	76 500	86 000
贵州	27.62	11 516	12 918	11 697.4	11 044.0	12 958.0	13 507.2	16 893.6	20 143.4	21 700
云南	150.28	65 844	75 036	86 486.4	99 979.1	132 365	160 900	194 700	241 900	194 700

（5）长江上游地区生态旅游业存在的问题

人们对于旅游和环境的关系尚未获得全面的了解，长江上游地区生态旅游业的发展还处于初级阶段，强调对生态旅游资源的开发而忽视了开发对环境的影响和资源的破坏。这些生态旅游景区发展的同时，也暴露出了许多的问题。

管理体制不完善，缺乏统一规划，盲目开发，过分追求经济利益。长江上游地区生态旅游起步较晚，在旅游管理中还存在诸多问题，如很多地区在资源开发上还没有形成一套完整的理论体系，大多由旅游部门负责规划、开发利用和管理，很少有环境保护和生态专业人员参与。在管理上重开发利用、轻生态环境和资源保护，重经济效益、轻生态效益，而且旅游收入中只有很少一部分才会投入到生态环境治理和资源保护中去。

环境污染严重，风景区生态环境系统失调。由于我国人口众多，旅游业迅速发展，而又缺乏科学规范的规划和管理，国民的生态意识较差。随着长江上游地区旅游业的发展，景区的生活污水和固体废弃物增多，许多景区内生活垃圾随处可见，使得很多旅游景区不得不投入大量的经费去清理这些垃圾，这对景区的长远发展也是十分不利的。生态旅游依托自然环境和人文环境而发展，生态环境作为一个系统有着自身的发展和调节规律，但是随着旅游人数的激增，服务设施也需要相应的增加，许多景区开始了人工化、商业化、城市化，使得许多的风景名胜区都或多或少的受到了建设性的破坏，同时游客的数量已经远远超过了景区的生态系统承载力，部分游客的不文明行为和保护意识的缺乏，使得旅游景区的景点遭到了破坏，生态系统失去平衡。

现阶段的生态旅游缺乏相应的制度和法规制约。我国现阶段缺乏完善法规约束的生态旅游是一种不成熟、不规范的旅游。生态旅游资源的开发和经营管理，既涉及保护问题，也涉及社会经济的多个方面，如果没有完善的政策和行业法规制度，就必然造成混乱和无序状态。风景名胜区等由于缺乏有效的法律体系和健全有力的管理机构，政出多门，无法统一管理，弊端显而易见。

生态知识和环境保护意识缺乏，相对的宣传教育力量薄弱。长江上游很多生态旅游景区的从业人员都不是专业人员，缺乏相应的意识，在经营过程中就会出现只顾及经济利益而忽视生态保护的行为。此外，游客的行为需要规范，素质也需要进一步提高，在旅游过程中游客低下的素质导致了不文明的行为，对景区的生态、环境造成了不同程度的负面影响。因此，需要进一步加大对游客的宣传教育力度。

二、长江上游地区生态环境文明建设的现状

（一）污染减排成效显著，环境质量持续改善

"十二五"期间，长江上游各省（自治区、直辖市）积极推进节能减排工作，实施了一批节能减排重大工程，节能减排取得明显成效，环境质量持续改善。"十二五"以来重庆市四项主要污染物减排实现持续下降。四川省共完成45个国家减排目标责任书项目，新建城镇生活污水处理厂127座，累计完成21台燃煤火电机组旁路物理切断，累计完成水泥脱硝设施建设95条，完成7条平板玻璃生产线脱硝设施建设，关停淘汰钢铁企业8家、水泥企业32家、造纸企业8家、印刷企业11家。2014年全省化学需氧量、氨氮、二氧化硫、氮氧化物排放量同比下降，均完成国家下达四川省的年度减排目标任务。云南省共完成国家级重点减排项目79个。贵州省共完成34个国家级重点减排工程项目，淘汰水泥、铁合金等10个行业的97户企业。青海省启动了排污权有偿使用和交易试点，共完成118项减排工程，分别削减化学需氧量、氨氮、二氧化硫、氮氧化物排放量1379t、191t、7593t和10367t。西藏自治区年度国家重点减排项目均已开工建设，主要污染物排放总量控制在国家核定的范围内，其中化学需氧量排放总量为27917t、氨氮排放总量为3441t、二氧化硫排放总量为4250t、氮氧化物排放总量为48344t。

（二）生态环境保护与建设成效显著

"十二五"期间，长江上游各省（自治区、直辖市）着力推进森林资源保护、退耕还林、退牧还草、湿地保护与恢复、生态环境综合治理、水土流失防治、生态农业、生物多样性保护及自然保护区建设和生态安全屏障建设等重点工程，生态环境得到有力保护，生态建设成效显著。青海省开展了6个自然保护区的生态环境状况和人类活动遥感调查与评估工作。西藏首次开展了全区74个县（区）的环境保护考核工作，继续实施《西藏生态安全屏障保护与建设规划（2008—2030年）》，落实资金7.9亿元，开展3大类10项工程，拉萨市被评

为国家环境保护模范城市，林芝、山南被批准为国家生态文明先行示范区。

（三）环境监管水平和防范环境风险的能力显著提高

"十二五"期间，长江上游各省（自治区、直辖市）顺利完成了各项环境监察执法工作，妥善处理了一些突发环境事件，生态保护和环境监管能力不断提升，防范环境风险的能力得到显著提高。2014 年，重庆市全年环保验收合格建设项目 2774 个，加强环境风险范防与应急管理，完善突发环境事件应急预案管理体系，编制、备案各类环境应急预案 1707 个，开展环境综合应急演练 44 次，全面推进企业突发环境事件风险评估工作，完成 92 家重点企业突发环境事件风险评估。云南省围绕群众反映强烈的环节违法问题，开展大气污染防治专项检查，深入开展涉重金属行业、医药制造行业、危险废物产生企业"回头看"专项整治。贵州省全省共出动环境监察执法人员 102 888 人次，检查企业 44 300 家次，立案查处各类环境违法案件 840 件，查处金额 3070 万元，对 53 家存在环境问题企业实施了挂牌督办，专项整治高速公路沿线"黑烟囱"环境污染问题。

三、长江上游地区生态社会文明建设的现状————

生态文明建设需要全社会共同努力，良好的生态环境也为全社会所共享。长江上游地区必须加强宣传教育，引导全社会树立生态理念、生态道德，构建文明、节约、绿色、低碳的消费模式和生活方式，把生态文明建设牢固建立在公众思想自觉、行动自觉的基础之上，形成生态文明建设人人有责、生态文明规定人人遵守的良好风尚。长江上游地区生态社会文明建设的现状如下。

（一）培育了积极健康的生态消费理念

生态消费是一种有利于环境保护和资源节约的新的消费方式，它倡导适度的消费规模、合理的消费结构、健康和科学的消费行为，能够正确引导消费者购买环保型的产品和服务，这样既保护了生态环境，又节约了资源能源，同时也有益于身心健康。近年来，长江上游地区各级政府借助报纸、电视、广播、互联网等大众媒体，以及政府和各企事业单位的信息传播渠道，在全社会广泛、深入、持续地开展资源节约宣传教育活动，加强生态消费理念的宣传。长江上游很多地区通过各种形式展现生态消费的内容，让消费者学习有关生态消费和"生态商品""绿色产品"的知识，正确了解生态消费的内涵，树立环保意识，倡导节约文明。长江上游很多地区运用财政、价格、税收等经济杠杆，通过优惠政策鼓励生产和使用节能节水产品、节能环保汽车等形式，抑制各类奢侈消费、铺张浪费，形成健康文明、节约资源的消费方式（任慧军，2008）。

（二）积极倡导绿色消费生活方式

所谓绿色生活方式，就是低能量、低消耗的生活方式，是符合人类社会发展要求和有利于人与自然和谐相处的积极健康的生活方式。家庭作为人类社会活动的最基本的单位，承担着生产、教育和消费等功能，家庭的消费习惯和观念对个人的生活方式具有潜移默化的作用，必须引导家庭转变消费模式和习惯，倡导家庭生活方式的低碳化、低能耗。只有从每一个家庭，到每一个人都从建设资源节约型、环境友好型社会的高度，自觉批判、抵制、摒弃以消耗大量资源为基础的高消费，并将节约我们赖以生存的能源和资源变为一种生活态度和生活习惯，才能推进科学、文明、现代的生活方式的形成。长江上游地区制定了大量措施，倡导人们绿色消费，如使用热水器、太阳灶台，建设农村生活污水净化沼气池及太阳房，提高资源的利用率。本书根据《中国环境统计年鉴》的数据，收集并整理了 2005～2013 年长江上游地区太阳能热水器使用面积、农村太阳房面积，农村太阳灶台的数量及农村生活污水净化沼气池个数（表 3-13～表 3-15）。

1. 农村太阳能热水器使用面积大幅度提升

2005～2013 年，长江上游地区农村太阳能热水器使用面积如表 3-13 所示。2005～2006 年，贵州省的农村太阳能使用面积呈上升趋势，从 360.8 万 m² 上升到 361.8 万 m²，2007～2008 年，农村太阳能使用面积从 286.1 万 m² 上升到 290.4 万 m²，2009～2013 年，农村太阳能使用面积从 31.7 万 m² 上升到 54.6 万 m²。云南省的农村太阳能热水器使用面积大幅度提升。从 2005 年的 111.7 万 m² 上升到 2013 年的 303.1 万 m²。四川省的农村太阳能热水器使用面积从 2005 年的 28.2 万 m² 上升到 2013 年的 152.3 万 m²。重庆市的农村太阳能热水器使用面积较少，但是保持不断上升的趋势，2005～2013 年，农村太阳能热水器使用面积从 2005 年的 0.9 万 m² 上升到 2013 年的 43.6 万 m²。

表 3-13　长江上游典型地区 2005～2013 年太阳能热水器使用面积（单位：万 m²）

地区	2005 年	2006 年	2007 年	2008 年	2009 年	2010 年	2011 年	2012 年	2013 年
重庆	0.9	1.4	1.9	2.8	6.7	10.9	17.3	26.9	43.6
四川	28.2	34.1	36.3	39.9	48.8	68.9	98.4	122	152.3
贵州	360.8	361.8	286.1	290.4	31.7	37.9	41.9	48.6	54.6
云南	111.7	139.6	151.1	173.1	184.3	191.8	210.2	261.8	303.1

资料来源：历年《中国环境统计年鉴》的数据

2. 农村太阳灶台的数量持续上升

2005～2013 年，长江上游地区建设的农村生活污水净化沼气池个数情况如表 3-14 所示。四川省的农村太阳灶台数不断上升，从 2005 年的 935 台上升到 2013 年 121 714 台。云南省 2005 年农村使用灶台数为 13 台，2009～2013 年农村实用灶台数均为 264 台。2005 年重庆市农村太阳灶台数为 800 台，2006～2013 年重庆市很多农村地区都没有太阳灶台。

表 3-14　长江上游典型地区 2005～2013 年农村太阳灶台数　（单位：台）

地区	2005 年	2006 年	2007 年	2008 年	2009 年	2010 年	2011 年	2012 年	2013 年
重庆	800	—	—	—	—	—	—	—	—
四川	935	13 595	65 162	125 128	130 087	131 528	121 728	121 728	121 714
贵州	0	0	0	0	0	0	0	0	0
云南	13	—	—	—	264	264	264	264	264

资料来源：历年《中国环境统计年鉴》的数据
注：贵州省农村太阳灶台无统计数据

3. 农村生活污水净化沼气池的数量持续上升

2005～2013 年，长江上游地区建立的农村生活污水净化沼气池个数如表 3-15 所示。四川省建立的农村生活污水净化沼气池个数最多，而且呈现出不断上升的趋势。从 2005 年的 52 788 个上升为 2013 年的 64 756 个。重庆市农村建立的生活污水净化沼气池个数排名第二，而且呈现出不断上升的趋势。从 2005 年的 14 500 个，上升到 2013 年的 17 186 个。贵州省建立的农村生活污水净化沼气池个数排名第三，贵州省建立的农村生活污水净化沼气池的个数呈现出先上升后下降的趋势，2005～2009 年贵州省建立的农村生活污水净化沼气池的个数从 1537 个上升到 1557 个，但是 2013 年下滑至 332 个。云南省农村建立的生活污水净化沼气池个数最少。除了 2006 年以外，云南省其余年份建立的生活污水净化沼气池均低于 200 个。

表3-15 2005~2013 年农村生活污水净化沼气池个数 （单位：个）

地区	2005 年	2006 年	2007 年	2008 年	2009 年	2010 年	2011 年	2012 年	2013 年
重庆	14 500	15 137	16 011	16 586	17 284	17 736	17 674	17 186	17 186
四川	52 788	55 399	57 552	58 725	61 933	62 954	64 033	64 756	64 756
贵州	1 537	1 537	1 537	1 577	1 557	251	307	332	332
云南	122	287	152	111	178	197	138	139	139

资料来源：历年《中国环境统计年鉴》的数据

4. 实施惠民工程，推广节能产品

近年来，长江上游地区大力实施惠民工程，对空调、冰箱、平板电视、洗衣机、电机等十大类高效节能产品进行了大力推广应用。例如，重庆在节能惠民工程节能汽车方面取得了长足进展，有力促进了重庆市节能汽车消费。截至 2012 年 7 月，国家发展改革委、工信部、财政部联合颁布的《"节能产品惠民工程"节能汽车推广目录（第八批）》中，重庆进入推广目录的车型共计 33 款。云南省大力实施节能产品惠民工程，15 家太阳能热水器生产企业产品列入国家推广目录，15 家企业一年内推广国家补贴太阳能热水器 75 万台，获得国家补贴资金 1 亿元以上，组织推广财政补贴高效照明产品，2013 年完成 500 万只节能灯推广任务，全省广大用户享受优惠 5000 余万元。

5. 制定相应政策，引导生态社会建设

长江上游地区积极贯彻和落实节能产品和环境标识产品优先采购政策，并制定相应政策，引导生态社会建设。例如，重庆市为了进一步增强政府绿色采购政策功能，制定了进入国家节能环保清单的产品给予政策加分的优惠政策，同时，针对绿色产品的政府采购工作开展专项监督检查，对标识的正确性、合法性、有效性进行严厉把关。贵州省大力实施建筑节能，推动绿色建筑发展，先后实施了一系列建筑节能和推动绿色建筑发展的措施，取得一定成效。例如，贵州省的城镇新建建筑节能标准执行率逐年提高，2014 年执行率已达到 97%以上。此外，贵州省的可再生能源在建筑中规模化应用不断增加。

四、长江上游地区生态文化文明建设的现状————————

生态文化文明也常被称为生态教育文明。我国的生态文明教育，虽然从 20 世纪 80 年代就已经起步，投入较大，但是纵观这些年我国生态文明教育的状况，生态文明教育没有得到真正的提高。政府总体上对生态文明教育的重视不够，生态文明教育课程尚未真正纳入学校教育的课程体系；生态文明教育定位比较模糊，还没有为公众提供终身、系统的生态文明教育机构和机制，也未将生态文明教育置于公共教育的优先战略地位。对此，长江上游地区必须针对生态文明教育存在的主要问题，把生态文明教育内容逐步落实到教育体系和教育计划之中，落实到国家发展长期计划之中，积极找出科学的对策，实现公众生态意识的进一步深化。长江上游地区生态文化文明建设的现状如下。

（一）完善国民教育体系，实施生态文明理论教育

把生态文明教育纳入国民教育体系，"从横向上说，生态教育应以日常学科教学为载体，贯穿于课程体系之中，成为一个重要的课程领域；从纵向上说，生态教育应贯穿于人的整个生命过程和实践过程之中，成为全程教育和终身教育"（朱国芬，2006）。总的来看，生态文明教育应包括基础生态文明教育、专业生态文明教育、在职生态文明教育和社会生态文明教育。

基础生态文明教育作为一个人接受整个学校生态文明教育的最初阶段，对于培养人们的生态忧患意识、生态科学意识、生态价值意识、生态审美意识和生态责任意识等有着重要的作用。具体措施：首先，把生态文明教育纳入中小学教学大纲。教学大纲是学科教学的指导性文件，它是实施教育思想和教学计划的基本保证，也是指导学生学习指导性文件。因此，把生态文明教育纳入中小学教学大纲是对中小学学生实施生态文明教育的重要保证。其次，结合教材内容，在课堂教学中渗透生态文明教育。课堂是实施生态文明教育的主要平台，对学生的生态文明教育也主要是在课堂内进行。最后，结合中小学课外教育活动进行生态文明教育。通过生态文明图片展、夏冬令营、知识竞赛和征文比赛等形式多样的课外活动，使学生拓宽视野、形成心灵震撼；学校利用社会和社区教育资源，充分利用各种青少年教育基地、公共文化设施、植物园、博物馆等开展多种多样的生态文明教育实践活动。

近年来，长江上游很多地区将生态文明教育渗透到基础教育过程中。例如，重庆市环境保护局组织开展了"创模进万家"暨创模绿色家庭评选活动、绿色学校创建工作、市级绿色社区创建活动，以及开展节能宣传周活动，将 6 月 14 日定为"低碳体验日"，开展宣传体验活动，发挥舆论监督作用；重庆市海事局组织开展"倡导绿色消费，保护长江母亲河"活动，向广大市民宣传绿色消费及保护长江母亲河的理念；重庆市商业委员会、重庆市环境保护局主办"绿色消费，健康生活"活动，呼吁全市各绿色环保企业积极参与；四川省宜宾市翠屏区教育局把省级文明城市创建工作作为展示翠屏教育形象，提升教育发展品位的战略举措，开展"三美"活动，将创建省级文明城市与翠屏区整体构建生态教育系统有机结合，建立校园安全管理制度，使得省级文明城市创建与生态教育工程相得益彰。

（二）重视生态实践教育，提高公民生态素质

生态实践教育是为了实现生态文明教育目标而开展的实践活动。要培养高素质的生态文明建设者，需要加强以下几方面的工作：一是生态实践教育要贯穿人才培养的全过程。生态实践教育不是生态教育的某一特定环节，而是培养人才全过程所不可缺少的、需要始终贯穿的。二是鼓励公民在实践中提高掌握和运用生态知识的能力，提高公民的生态素质。三是生态实践教育要与生态知识教育相结合。实践教学不能完全独立于知识教学，必须在对公民讲解、宣传生态知识的同时，把实践教育渗透到知识教学中去。

云南省制定了《云南省生态文明教育基地创建管理办法》，将省级以上自然保护区、森林公园、湿地公园、国家公园、国有林场、自然博物馆、野生动物园、植物园、生态科普基地、生态科技园区等单位作为生态文明教育基地，大力开展生态文明教育活动。积极开展生态科普、生态道德、生态法制、生态审美等主题宣传教育活动，为增强全社会生态意识，推动生态文明建设作出积极贡献。

2013 年，四川广元广安获国家森林城市，西昌邛海湿地公园获国家生态文明教育基地的称号。四川省通过这些生态文明教育基地，开展了大量的生态文明宣传教育和实践活动，全方位展示这些城市的生态建设成果，让它们成为广

大干部群众接受生态文明素质教育的主要阵地。

（三）着力培育生态文化

近年来，长江上游地区采取多种措施着力培育生态文化理念。具体如下：第一，积极培育生态文化理念。例如，云南省运用多种形式和手段，深入开展保护生态、爱护环境、节约资源的宣传教育和知识普及活动，牢固树立尊重自然、敬畏自然、顺应自然的伦理观，提倡绿色消费、杜绝奢侈浪费的消费观。第二，将生态文化知识和生态意识教育纳入国民教育和继续教育体系，纳入党政干部、企业培训计划，让生态文明教育进机关、进企业、进社区、进农村、进学校。例如，贵州省基本建立了生态文化体系。党政干部参加生态文明培训的比例达到 100%，节水器具普及率达到 70%，有关产品政府绿色采购比例达到90%。

五、长江上游地区生态政治文明建设的现状————

近几年来，长江上游地区各个省份积极完善生态制度建设，出台了一系列地方法规、规划、实施方案和标准，争取确保长江上游地区各个省份生态文明建设的快速发展。

（一）地方法规

《重庆市环境保护条例》《重庆市环境噪声污染防治办法》《重庆市饮用水源污染防治办法》《重庆市长江三峡水库库区及流域水污染防治条例》《四川环境保护条例》等。《四川省固体废物污染环境防治条例》《四川省〈中华人民共和国大气污染防治法〉实施办法》《四川省环境保护条例》《四川省饮用水水源保护管理条例》《四川省灰霾污染防治办法》《四川省机动车排气污染防治办法》《四川省放射性污染防治管理办法》《四川省危险废物污染环境防治办法》《四川省环境污染事故行政责任追究办法》《云南省环境保护条例（修订）》《云南省生物多样性保护条例》《贵州省生态文明建设促进条例》《贵州省赤水河流域保护条例》《贵州省环境保护条例》《贵州省红枫湖百花湖水资源环境保护条例》等。

（二）专项规划

《重庆市创建国家环境保护模范城市规划（2010－2013 年）》《重庆市废弃电器电子产品处理发展规划（2011－2015）》《重庆市重点生态功能区保护和建设规划（2011－2030 年）》《重庆市生态建设和环境保护"十二五"规划》《重庆市环评和三同时管理"十二五"规划》《重庆市环境宣传教育能力建设"十二五"规划》《重庆市"十二五"机动车排气污染防治管理工作规划》《重庆市城镇污水处理及再生利用设施建设"十二五"规划》《重庆市城镇生活垃圾无害化处理设施建设"十二五"规划》《四川省"十二五"生态建设和环境保护规划》《四川省城乡环境综合治理规划（2012－2015）》《贵州省"十二五"环境保护专项规划》《贵州省矿山环境保护与治理规划（2006～2015 年）》《贵州省矿山环境保护与治理规划》《云南省环境保护"十二五"规划》《云南省农村环境综合整治规划（2009—2015 年）》。

（三）实施方案

《重庆市统筹城乡环境保护工作实施方案》《重庆市〈三峡库区及其上游水污染防治规划〉实施方案》《重点流域水污染防治规划（2011—2015 年）重庆实施方案》《重庆市创建国家园林城市实施方案》《重庆市主城区燃煤设施清洁能源改造实施方案》《重庆市环保"五大行动"实施方案（2013—2017 年）》《四川省〈中华人民共和国环境影响评价法〉实施办法》《四川省环境保护局生态环境保护惠民行动实施方案》《云南省环境保护条例奖惩实施办法》《云南省城市市容和环境卫生管理实施办法》《贵州省环境保护目标责任制实施办法》《贵州省生态文明先行示范区建设实施方案》。

第二节　长江上游地区生态文明建设面临的困境

一、长江上游地区生态经济文明建设所面临的困境

长江上游地区生态环境脆弱，并不意味着长江上游地区环境与经济发展失衡的必然结果。长江上游地区环境与经济发展失衡的主要原因是经济社会发展

过程中对原本脆弱的生态环境的干扰超过了区域环境的承载力,加剧了生态环境的脆弱性,从而引发了一系列的生态灾难,制约着整个长江流域经济社会的可持续发展。

(一)经济增长方式粗放,产业结构不合理

事实上,长江上游地区是我国欠发达地区,其经济增长的粗放程度远在全国平均水平之上。这种资源的"高投入、低产出、高消耗、低效益"的经济增长方式,从以下两个方面冲击着长江上游地区经济环境的协调发展:一是经济运行的低效益和资源开发利用的浪费,意味着经济增长越快、经济总量越大,则资源环境投入越大,经济系统排放废弃物越多,对环境的破坏、污染的速度越快,程度越深;二是经济的粗放型增长,经济系统的低效益运行,使长江上游地区大部分企业缺乏治理和保护环境的经济实力,导致企业的环保配套资金难以及时到位,使得地方环境债务日益沉重,环境问题日益突出。

长江上游地区的产业结构长期以来存在严重的不合理现象,主要表现在:第一,二元反差较为明显。长期以来,长江上游地区一直走重工业的发展道路,不同区域的产业结构存在明显的二元差异。第二,产业布局不合理。第一产业长期以来违背因地制宜原则布局,广泛存在陡坡过度耕垦等不合理利用土地资源的现象,在浪费土地资源生产潜力的同时,恶化了生态环境,加剧了水土流失;工业布局过分沿江、沿河,并没有充分考虑环境容量,在河水的源头,上游大量布局污染较重的造纸业和化工等企业,这样才能导致长江沿江、沿河污染带的形成,导致部分支流的水资源污染较为严重,甚至丧失了利用价值。例如,四川岷江上游地区的阿坝州境内,大量的水电、造纸、化工、食品等高污染行业大量分布在茂县至漩口 167km 的岷江干流两岸,导致岷江水质受到严重污染(冉瑞平,2003)。

(二)资源利用效率不高

长江上游地区经济发展仍然以粗放型经济占主导,工业污染问题严重,重工业比重过大,第二产业中高能耗产业所占比例较大,导致资源利用效率较低,能耗消费强度较大,如 2011 年贵州省的单位 GDP 能耗为 1.71,比全国平均水平高 0.92,四川省的单位 GDP 能耗为 0.99,比全国平均水平高 0.20。总

之，长江上游很多地区工业发展依然采用的是传统的"高投入、低产出"的发展模式，这严重阻碍了长江上游地区工业的可持续性发展。

（三）地方领导政绩考核制度不完善

长江上游地区政府在做决策时，往往注重经济开发，忽视经济开发对生态环境的影响。因为生态环境建设的社会、经济和生态效益具有隐蔽性、间接性和长期性，在其任期内难以体现。这种不完善的考核制度催生出"领导出数字，数字出领导"的社会怪胎的同时，很容易导致地方政府决策的随意性、片面性和功利性。因此，地方领导决策时，往往注重经济开发，而忽视经济开发对生态环境的影响，有的甚至从政绩出发，不惜引进污染，以牺牲生态环境为代价，换取短期的、眼前的经济增长指标。其结果是地方领导一届一届地换，生态环境一年一年地遭受破坏与恶化。

（四）人们普遍缺乏环保意识

长江上游地区人们普遍缺乏环保意识，是造成长江上游地区环境与经济发展失衡的内在思想根源。在很长一段时间内，人们把经济发展放在首位，忽视了环境保护的重要性。人们的生态观念淡薄，生态文明意识和生态文明素养还不够高，生态文明意识未牢固树立，低碳、节约、环境友好的生活方式尚未成为人们的自觉行动，意识及行为与生态文明的差距较大。

二、长江上游地区生态环境文明建设所面临的困境

（一）陡坡耕垦，顺坡种植，加剧了水土流失

由于长江上游地区以山地、高原和丘陵为主，山地、高原生态环境是十分脆弱的，若是开发不当，很容易诱发滑坡、泥石流等地质灾害。长江上游很多地区人们受到传统耕作习惯的影响，往往采取陡坡耕垦的耕作模式，陡坡耕垦除了造成严重的水土流失以外，还恶化了生态环境，影响了长江上游地区经济的可持续发展。陡坡耕垦本身不合理开发利用土地，把宜林、宜牧的地方强行耕种，无形之中抢占了林业、牧业等产业的用地，因而陡坡耕垦不仅不利于充分发挥土地资源的综合效益，而且破坏了当地的生态环境，不利于经济的可持续发展。

（二）经济保持快速增长，节能减排压力大

今后一段时期，随着长江上游各省（自治区、直辖市）工业化、城镇化的加速推进，经济总量不断扩大，城镇人口持续增加，资源需求量持续快速增长。由于发展方式粗放、产业结构调整缓慢，使资源短缺和环境承载力不足的问题更加严重，污染物排放总量居高不下。在承接东部产业转移过程中，以造纸、食品、化工、冶金等优势资源产业为主的特点仍将延续，由生产环节造成的环境压力很难得到缓解；而治污减排指标在增加、潜力在缩减，减排任务十分艰巨。例如，重庆市以煤为主的能源消费结构、以重化工业为主的产业结构等导致资源能源消耗和污染物排放仍然较大，单位 GDP 能耗和主要污染物排放强度均高于全国或发达地区平均水平。

（三）生态环境风险防范压力大，环境监管形势依然严峻

长江上游各省（自治区、直辖市）生态环境风险防范能力较弱，环境监管能力不强，具体表现在以下几个方面：第一，长江上游地区生态环境风险防范能力较为薄弱，环境监管形势依然严峻。例如，四川省还处于工业化中期阶段，结构性污染难以根本改变，重化工特征十分明显，化工基地、化工园区的沿江布局，水污染控制和环境风险成为非常敏感的环境问题。第二，流域性环境风险形势不容乐观，自然灾害引发的环境问题不容忽视，影响环境安全的不确定性因素增多，防范生态环境风险的压力继续加大。例如，云南省境内六大河流中有 4 条为国际河流上游，有 4061km 的边境线和 20 个国家级一类和二类口岸，突发性环境事故的风险较大，一旦发生环境风险事故，将直接影响到国际关系。第三，环境管理的基础能力，包括环境信息、环境科技、环境统计、环境宣传、基础调查等，与需求还有很大差距。例如，青海省由于底子薄、基础差、机构编制不健全，环境应急、环境监测和环境监察能力与国家标准的要求差距较大，省级环境规划与科研能力、环境信息能力和环境宣教能力尚不能适应环保工作形势发展的需求。西藏自治区由于发展相对滞后，城镇环境基础设施建设不足，防范饮水安全、垃圾污染等民生环境问题和资源开发、产业建设带来的环境风险压力较大。

（四）空气质量不佳

长江上游地区空气污染以烟煤为主，主要污染物是二氧化硫和氮氧化物。很多城市空气中普遍存在悬浮颗粒浓度超标的现象，机动车尾气排放持续增加，二氧化硫（SO_2）含量、氮氧化物含量仍然较高。长江上游地区空气中二氧化硫排放量、氮氧化物排放量、主要城市可吸入颗粒物 PM10 情况具体如下。

第一，二氧化硫排放情况。2005～2011 年，长江上游地区很多省份二氧化硫排放量呈现出不断上升的趋势，如贵州、云南的二氧化硫排放量分别从 65.9万 t 上升为 110.43 万 t，从 42.9 万 t 上升为 69.12 万 t（表 3-16）。

第二，氮氧化物排放情况。2005～2011 年，长江上游地区很多省份氮氧化物排放量呈现出不断上升的趋势，如重庆、四川、云南的氮氧化物分别从 2005 年的 15.4 万 t 上升到 40.26 万 t，从 15.9 万 t 上升到 67.49 万 t，从 9.3 万 t 上升到54.85 万 t（表 3-17）。

第三，长江上游地区主要城市可吸入颗粒物 PM10 情况。2005～2011 年，长江上游地区主要城市可吸入颗粒物 PM10 情况如表 3-18 所示，重庆、成都、贵阳、昆明的 PM10 平均值分别是 $0.106\mu g/m^3$、$0.112\mu g/m^3$、$0.079\mu g/m^3$、$0.074\mu g/m^3$，这说明长江上游地区主要城市的 PM10 浓度较高，超标较重，环境污染较为严重（表 3-18）。

表 3-16　二氧化硫排放情况（2005～2011 年）　　　（单位：万 t）

地区	2005 年	2006 年	2007 年	2008 年	2009 年	2010 年	2011 年
重庆	68.3	71.2	68.3	62.7	58.6	57.3	58.69
四川	114.1	112.1	102.3	96.9	94.6	93.8	90.20
贵州	65.9	104.0	92.1	74.1	62.4	63.8	110.43
云南	42.9	45.6	44.5	42.0	41.8	44.0	69.12

资料来源：历年《中国环境统计年鉴》数据

表 3-17　氮氧化物排放情况（2005～2011 年）　　　（单位：万 t）

地区	2005 年	2006 年	2007 年	2008 年	2009 年	2010 年	2011 年
重庆	15.4	14.8	14.3	15.5	16.0	14.7	40.26
四川	15.9	16.0	15.6	17.9	18.9	19.3	67.49
贵州	69.9	42.5	45.4	49.4	55.2	51.1	55.32
云南	9.3	9.5	8.8	8.2	8.1	6.1	54.85

资料来源：历年《中国环境统计年鉴》数据

表 3-18　2005～2011 年长江上游地区主要城市可吸入颗粒物（PM10）情况（单位：μg/m³）

地区	2005 年	2006 年	2007 年	2008 年	2009 年	2010 年	2011 年	平均值
重庆	0.120	0.111	0.108	0.106	0.105	0.102	0.093	0.106
成都	0.125	0.123	0.111	0.111	0.111	0.104	0.100	0.112
贵阳	0.076	0.083	0.085	0.082	0.074	0.075	0.079	0.079
昆明	0.082	0.091	0.075	0.067	0.067	0.072	0.065	0.074

资料来源：历年《中国环境统计年鉴》数据

（五）乱排乱堆，严重污染环境

随着长江上游地区社会经济的发展，环境污染问题已经非常严重，长江上游水体受到了较大污染。有的河段富营养化程度较深，有的湖泊甚至变为了臭水沟，还有地方因污染而出现水体大量污染。近年来，随着长江上游地区城镇人口规模的逐步扩大，城市生活污水排放量持续攀升，尽管长江上游地区政府加强了对污水、生活垃圾治理的力度，但是依然存在生活垃圾、生活污水乱堆乱放的现象。此外，长江上游地区的城市垃圾处理能力相对不足，生活垃圾无害化处理率比较低，具体表现如下。

第一，随着长江上游地区城镇人口规模的逐步扩大，城市生活污水排放量一直保持较大的增长速度，增长势头强劲。这主要是由于河流沿岸分布有大量的城镇，而这些城镇的污水处理设施不够完善，大量的生活污水大多直接排入次级河流，对水环境影响较大。如表 3-19 所示，长江上游典型地区（云南、贵州、四川、重庆）城市污水排放量呈现出不断上升的趋势。

第二，2005～2011 年，长江上游地区大力开展集中式污水处理设施建设，对完成污染减排任务和提升水环境质量发挥了重要作用，使得城市污水处理水平逐年提升，如重庆的城市污水处理率由 34.7%上升到 94.6%，云南省的城市污水处理率由 61.8%上升到 94.6%。但是，城市污水处理总体水平不太高，如2011 年四川省的城市污水处理率仅为 78.3%（表 3-20）。

第三，由于城镇化快速发展，城市生活垃圾激增，长江上游地区垃圾处理能力相对不足，一些城市面临"垃圾围城"的困境，严重影响城市环境和社会稳定。2005～2011 年，长江上游地区生活垃圾无害化处理能力逐年提高，如重庆市、四川省生活垃圾无害化处理率分别从 54.8%上升为 99.6%，从 51.2%上升到 88.4%。但是，长江上游地区生活垃圾无害化处理能力总体水平不高，而且水平参差不齐，2011 年，重庆市的生活垃圾无害化处理率最高，为 99.6%，而云南、贵州、四川的生活垃圾无害化处理水平均低于 90%。这说明长江上游地区生活垃圾无害化处理水平还有待提高（表 3-21）。

表 3-19 城市污水排放量（2005～2011 年） （单位：万 m³）

地区	2005 年	2006 年	2007 年	2008 年	2009 年	2010 年	2011 年
重庆	56 825.2	59 692	52 379	57 562	61 830	64 622	69 142
四川	142 577.8	120 309	122 790	127 955	139 196	136 520	146 690
贵州	40 096.8	26 602	28 314	30 021	30 921	32 533	38 232
云南	46 096.1	49 159	49 791	50 452	47 720	58 711	68 458

资料来源：历年《中国环境统计年鉴》数据

表 3-20 城市污水处理率（2005～2011 年） （单位：%）

地区	2005 年	2006 年	2007 年	2008 年	2009 年	2010 年	2011 年
重庆	34.7	50.4	74.4	84.2	88.4	91.7	94.6
四川	42.7	49.4	55.2	65.4	67.5	74.8	78.3
贵州	26.8	29.5	39.1	40.2	56.2	86.8	90.7
云南	61.8	69.8	65.4	73.6	85.3	93.4	94.6

资料来源：历年《中国环境统计年鉴》数据

表 3-21 生活垃圾无害化处理率（2005～2011 年） （单位：%）

地区	2005 年	2006 年	2007 年	2008 年	2009 年	2010 年	2011 年
重庆	54.8	58.9	82.3	88.4	95.9	98.8	99.6
四川	51.2	57.0	69.9	80.6	83.5	86.9	88.4
贵州	57.8	68.0	71.2	76.8	81.7	90.6	88.6
云南	82.2	34.3	80.4	80.0	80.9	88.3	74.1

资料来源：历年《中国环境统计年鉴》数据

三、长江上游地区生态社会文明建设所面临的困境

（一）生态文明的基层保障能力依然较弱

首先，长江上游地区生态文明的基层保障能力依然较弱。乡镇（街道）没有独立环保机构、编制和专职工作人员，环保工作难以延伸到基层，环境监管纵向不到底。环境科研能力严重短缺，特别是针对 PM2.5 污染、持久性有机污

染物污染、库区"水华"等不断凸现的新问题,还缺乏相关研究领域的领军人才,国土、水利、农业等系统基层的生态保护与建设能力较弱。

(二)对高污染的行为,惩罚力度不够

长江上游地区针对绿色消费领域相关产品生产销售中的违法行为,对一些违反规定、造成严重环境污染和高能耗、低效率企业予以罚款或责令停产整顿的力度不够。在开展的节能汽车惠民工程中,企业和经销商不按照规定实施起始日期执行和将优惠价格与补贴价格混淆的情况仍然存在。政府绿色采购方面,采购人员不能严格按照采购规范来执行。治理过度包装工作中,用过度包装进行虚假宣传及以包装作营销噱头等侵害消费者合法权益的行为并未完全消除。

四、长江上游地区生态文化文明建设所面临的困境

(一)生态价值观念还未深入人心

长江上游地区全社会还未形成"尊重自然、节约资源"的共同价值观念。一些领导干部尚未树立政府的政绩观,部分企业经验者缺乏社会责任意识和战略眼光,全社会还缺乏统一的绿色生活消费观。

(二)生态文化宣传普及还有差距

生态文化宣传普及还有差距。长江上游地区目前的生态文化宣传针对性普遍不强,且对生态建设和环境保护方面的培训不够系统,生态文明教育公益宣传力度不大,人与自然和谐相处的主流思想舆论需要进一步加强宣传。

(三)生态文化产业发展较差

长江上游地区以生态农业、生态工业、生态休闲旅游业和文化创意产业为支撑的生态产业体系还不健全。生态文化培训、咨询、论坛、传媒、网络等信息文化服务产业发展不够。在鼓励投资者投资生态文化产业、提高生态文化产品生产的规模化、专业化和市场化水平上政策支持力度还不够大。

(四)生态文化基础设施建设投入不够

长江上游地区在增加公益性生态文化事业的基础设施建设方面投入不足,如公共场所生态文化宣传栏、教育长廊等基础设施建设上仍缺乏力度。

五、长江上游地区生态政治文明建设所面临的困境————

（一）生态业绩考核体系有待完善

目前长江上游地区尚未建立科学的生态文明评价指标体系，如对自然资源和生态损害程度的认定、生态贡献的认定标准尚未建立。在目前对领导干部政绩考核体系中，以 GDP 为主导的发展观仍然没有从根本上改变，生态环保所占的分量很低。现有的制度体系尚未建立差异性的考核指标体系，考核结果运用不够有力，目前考核结果与干部的任命使用关联度不大。

（二）生态补偿机制尚需健全

目前长江上游地区的财政转移支付制度尚未充分凸显生态补偿属性。现行的财政支付额度主要按照经济发展程度来确定，未体现对提供生态产品的欠发达地区的扶持，生态补偿特征不太明显。此外，长江上游地区的生态补偿标准偏低，与相关利益主体所作的贡献不匹配。例如，重庆市公益林目前补偿标准不高，除去公共管护资金外，真正发到农民手上的资金只有 9.5 元/亩。随着林权改革的推进和木材价格的上涨，林农提高补偿标准的呼声越来越高。

（三）环境损害赔偿和责任追究制度不健全

目前长江上游地区环境损害赔偿和责任追究制度还不健全，具体体现在以下几个方面：第一，现行法律、政策在环境污染事故的责任追究和损害赔偿等方面的规定的缺失与不健全，严重影响了环境责任和"污染者负担原则"的有效落实。对环境违法行为多限于经济处罚，且处罚数额有限，与造成的实际环境损害经济数额相差甚远，对企业及管理者影响不大，不利于促进企业诚信守法。第二，未建立生态环境损害责任终生追究制度，对责任者经济赔偿责任、刑事责任追究不严格，"谁损害谁付款、谁受益谁补偿"的原则未得到充分体现，地方政府为了招商引资，对生态破坏行为监管不力、惩罚不严。第三，生态环境治理缺乏跨区域、流域的成本分担机制，某些地方将污染项目摆在区县、流域交界处，税费归自己，包袱给对方，相关纠纷不断。

（四）生态文明制度建设相对落后

生态文明制度是指有利于支持、推动和保障生态文明建设的各种强制性、约束性、规范性和引导性规定和行为准则的总称。加快制度建设是大力推进生态文明建设的重要前提和根本保障，推进生态文明建设必须科学规划、制度先行，才能保证生态文明建设的针对性、时效性和计划性。目前长江上游地区的生态文明制度建设还相对落后，生态文明制度建设还存在很多问题，其主要表现如下。

一是相关法律法规的建设还不到位。目前长江上游地区的法律法规涉及环境保护方面相对多点，而生态文明建设不仅包括保护环境，还涉及文化教育、社会建设和经济建设等各方面，这些方面的法律法规则相应的较少，政府也应该制定相应的法律法规，规范人们的行为。同时已经建立的法律法规也不完善，存在法律条文陈旧，新生事物界定模糊，政府应该尽快完善这方面的法律法规。

二是长期以来，经济发展指标所占的比重过大，部门和地方政府以 GDP 为主导的观念仍然没有从根本上改变，重经济发展而轻生态建设，长期忽略生态文明制度建设，使得资源过度开发，环境遭受破坏，生态环境与经济难以可持续发展。

三是现阶段执法主体过多，又各自为政，出现了"林管林、水管水"的执法局面，生态保护本身又是一个系统工程，生态文明建设涉及生态农业、森林草原、水资源的开发和保护、矿产资源的开发和利用、环境污染和环境破坏等保护，这需要一个权威机构统一管理。而现阶段生态环境管理是多个部门管理，分而治之，经常相互推诿，推卸责任，这极大影响了生态文明建设制度的落实和实施。

四是在生态文明建设过程中，政府部门更加习惯用行政手段而不是经济手段。发达国家的实践经验表明，在很多领域经济手段比行政手段更加有效。通过使用生态税、排放权交易、高效率补贴、环保补贴等手段，人们可以自发地选择污染少、效率高、排放低的生产、生活方式，从而避免行政手段高成本、制约技术进步等方面的弊端。

第四章

长江上游地区生态文明建设的目标体系

生态文明是以可持续发展为特征、以循环经济和生态服务为标志，集竞生、共生、再生、自生机制于一体的高级文明形态。党的十八大报告指出生态文明主要包括：生态经济文明、生态环境文明、生态社会文明、生态文化文明和生态政治文明五个方面。为了有效推动长江上游地区的生态文明建设，切实推进长江上游地区的经济-社会-环境的协调发展，结合长江上游地区经济社会实际情况，笔者制定了长江上游地区生态文明建设目标体系。本目标体系主要包括如下：生态文明建设的理论框架、总体目标和评价指标体系3个方面。

第一节 长江上游地区生态文明建设的理论框架

一、生态文明建设的科学内涵、外延、特征——————

（一）生态文明内涵——有机联系、互为支撑的"五个文明"

在对国内外生态文明建设的理论和实践评述的基础上，本书认为，生态文明，是指人们在改造和利用客观世界的过程中，通过积极调整、改善和优化人与自然的关系，构建人与人、人与社会、人与自然之间和谐、有序、平等和平衡的"天人关系"。从建设内容上看，包括生态经济文明、生态政治文明、生态环境文明、生态社会文明和生态文化文明五种形态。

生态经济文明主要是指经济活动领域中如何推进经济产业向生态经济发展模式转变的生态文明产业类型，主要有生态农业、生态工业和生态服务业等建设内容。

生态政治文明是指一种进步的政治形态，包括制度与管理两大内容。前者主要包括：生态法律、制度和规范，主要从政策支撑体系出发制定系列生态文明政策保障措施。后者主要指通过相关民间和政府的各种管理手段、途径实现生态文明建设有效推进的全过程。生态政治文明在生态文明建设中拥有重要地位和作用，也是目前为止我国建设生态文明过程中常被忽略的关键环节。

生态环境文明主要是指从理论和实践出发，正确认识保护生态环境，维护生态平衡对人类社会、政治、经济发展的重要性，并且采取种种措施和手段防治污染，提高社会的环境健康福利水平。

生态社会文明主要是约束和规范人类生产生活过程中所有经济、社会文化的行为方式。

生态文化文明是一种生态价值观，是以人与自然和谐发展为核心价值观的文化，是一种基于生态意识和生态思维的文化体系，是解决人与自然关系问题的理论思考和实践总结。

总体而言，这五个文明相互联系、互为支撑，是一个有机的整体。其内部关系可以用图 4-1 来表示。

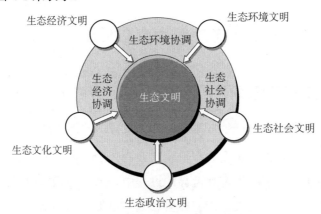

图 4-1　生态文明内部关系图

（二）生态文明外延——具有多维性指向的有机整体

从外延上看，生态文明建设是具有多维性指向的有机整体。它的指向覆盖了政治领域、经济领域、文化领域、社会领域，在经济社会的各个领域发挥引领和约束作用。从它与其他文明的关系看，在纵向上，生态文明是一种新文明，是人类社会发展进程中出现的比原始文明、农业文明、工业文明更先进、更高级的文明；在横向上，生态文明是社会文明体系的重要组成部分，它同物质文明、政治文明、精神文明交互作用，共同推动社会文明的发展。也有专家指出，生态文明是物质文明、政治文明、精神文明的总和。人类工业文明的发展造成了全球生态系统的破坏，正在走向"文明的自毁"。生态危机的实质是人类文明的危机，它是人类文明既有一定的进步又未充分发展的表现，是社会文明水平既发达又不完善这样一个时代的产物。生态文明就是人类在生态危机的情况下提出的一种替代工业文明的新型文明，它是以生态学理论为基础建立起来的人类文明形态，是人类迄今最高的文明形态。"生态文明既是对农业文明的超越，也是对工业文明的扬弃，并且是在更高层次上向自然的回归。"①生态文明同以往的农业文明、工业文明具有相同点，那就是它们都主张在改造自然的过程中发展物质生产力，不断提高人的物质生活水平。但它们之间也有着明显的不同点，即生态文明遵循的是可持续发展原则，它要求人们树立经济、社会与生态环境协调发展的新的发展观。同时，生态文明以尊重和维护生态环境价值和秩序为主旨，以可持续发展为依据，以人类的可持续发展为着眼点，强调在开放利用自然的过程中，人类必须树立人和自然的平等观，从维护社会、经济和自然系统的整体利益出发，在发展经济的同时，重视资源和生态环境支撑能力的有限性，实现人类与自然的和谐相处。可以说，"生态文明是一种社会文明的更替，一种更高层次的社会文明理想"（兰育莺，2008）。生态文明的出现是人类追求人与自然和谐的过程，是人类不断认识自然、适应自然的过程，也是人类不断修正自己的错误、改善与自然的关系和完善自然的过程。

建设生态文明是科学发展观的内在要求，是对中国和世界一切优秀传统文化的理性汲取，是对传统工业文明的科学扬弃。生态文明内涵和外延在科学发展观已经给予了注解。科学发展观第一要义是发展，这要求"生态文明"是一种发展的文明，但这种发展更强调政治、经济、文化、社会、环境等"全面协调可持续"的发展；科学发展观核心是以人为本，这正体现了生态文明建设的终极目标，是建设人与人、人与自然、人与社会的和谐发展的文明形态，最终

---

① 参见《重庆市十二五建设生态文明先行示范区研究》。

为人类的持续发展服务；科学发展观的基本要求"全面协调可持续"正是生态文明建设的核心内容；同时"统筹兼顾"也体现了生态文明战略建设的基本方法，这就要求生态文化文明、生态政治文明、生态经济文明、生态社会文明、生态环境文明等多角度、多层次建设内容的统筹兼顾。

二、中国特色社会主义生态文明的五大特征———————

在党中央正式提出生态文明建设战略之前，我国环境保护奠基人之一曲格平曾对生态文明①特征进行过高度概括：与自然重新结盟，人类要与自然做朋友，掌握与自然和谐相处的智慧，师法自然、天人合一，这是人类的理念和最高境界；与他人重新结盟，用理性的方式处理人与人、国家与国家之间的分歧和冲突，通过对话、求同存异、和平共处；重新找回失落的自我，人类要节制自己的欲望和贪婪，过适度、健康的生活，适度消费、绿色消费，要按生态规律规划生产活动。生态文明战略建设作为我们党和国家的四大文明建设系统，具有明显的中国特色和特征。

（一）生态文明具有继承性特征

生态文明不是中国共产党凭空提出的文明形态。作为中国特色社会主义文明体系的重要组成部分，生态文明遵循辩证唯物主义螺旋上升的事物发展规律，是生态马克思主义基础上继承发展起来的，也是在吸取原始文明、农业文明及工业文明等人类文明史上所有成果的基础上，尤其是工业文明精华的基础上继承和产生的。因此，在分析生态文明与历史上其他文明内涵中，应该辩证地看待，才能更深刻地洞察出中国特色社会主义生态文明的本质特征。

（二）生态文明具有发展性特征

我国是世界上最大的发展中国家，对我国而言生态文明是一个新的文明建设体系，生态文明很多内涵、外延及其建设内容和体系，都没有现成成果可以参考和借鉴。建设中国特色社会主义生态文明是科学发展观的内在要求，是对中国和世界一切优秀传统文化的理性汲取，科学发展观第一要义是发展，这要求"生态文明"是一种发展的文明，但这种发展更强调政治、经济、文化、社

---

① 在党的十七大召开之前，学术界常常将生态文明与"绿色文明"并用，其内涵相近，党的十七大召开正式提出生态文明之后，学术界和实践领域基本统一使用"生态文明"。在国外更多的使用"绿色文明"这一术语。

会、环境等"全面协调可持续"的发展。因此我国生态文明具有显著的发展性特征。

（三）生态文明具有和谐性特征

我国生态文明注重协调人与人、人与自然、人与社会的关系，这也是生态文明建设发展的核心内容和目标所在。从党的十八大对生态文明的建设要求也可以看出：建设生态文明，基本形成节约能源资源和保护生态环境的产业结构、增长方式、消费模式，转变发展方式取得重大进展，在优化结构、提高效益、降低消耗、保护环境的基础上，增强发展协调性，努力实现经济又好又快发展，这就要求经济发展与生态环境之间和谐发展；坚持生产发展、生活富裕、生态良好的文明发展道路，建设资源节约型、环境友好型社会，经济发展与人口资源环境相协调，使人民在良好生态环境中生产、生活，实现经济社会永续发展，生态文明观念在全社会牢固树立，要求人与人、人与社会、人与自然之间的和谐发展。这些都充分体现了我国生态文明建设的和谐特征。

（四）生态文明具有总括性特征

生态文明作为中国特色社会主义文明系统，在笔者看来，这一概念的提出一方面彰显了中国共产党对人类文明发展历程的重要总结和精心提炼；另一方面也显现出自身所具有的总括性特征，它涵盖了物质文明、精神文明和政治文明。这是因为物质文明创造的是文明系统的物质基础，精神文明创造的是非物质层次的文明精神基础，物质文明和精神文明只是从人的自身需要层次而开展的文明系统建设，政治文明创造的是国家层面具有明显政治色彩的文明政治管理基础，政治文明、物质文明、精神文明之间要求内在的和谐状态，但这三种文明系统都主要停留在人类自身生存、发展的需求上，而生态文明不仅与前三种文明系统保持和谐发展，它在满足人的自身需要的同时，更重要的是考虑了人与自然之间的和谐发展的高度文明。生态文明与物质文明、精神文明、政治文明辩证关系上，生态文明是基础和根本，没有良好的生态环境，就不可能有高度的物质享受、精神享受和政治享受，也就不可能有物质文明、精神文明、政治文明的建设与发展。故而，它具有总括性特征。

（五）生态文明具有可持续性特征

可持续性是生态文明的一个突出特征，也是生态文明有别于历史上其他文明形态的区别所在。可持续性是指人类的经济、政治、文化等各项活动在不超出自然资源与生态环境的承载力的前提下的一种发展状态。它强调的是全球或区域生态系统内部的生态平衡，以及国家或地区内部人类生态系统与自然生态系统之间一种动态发展平衡。生态文明扬弃了传统农业文明、工业文明发展带来的种种弊端和缺陷，把人类的发展与整个生态系统紧密联系在一起。生态文明不仅正确处理了人类与自然的关系，而且使人类与自然的关系得以协调、健康和可持续发展。

第二节　长江上游地区生态文明建设的目标和指标体系

一、总体目标

以推进人与自然和谐为宗旨，坚持"科学规划、分类指导、整体推进"的原则，创新实施生态经济文明、生态政治文明、生态社会文明、生态文化文明和生态环境文明的"新五位一体"建设模式。积极优化国土空间开发格局，科学定位生产空间、生活空间和生态空间，为长江上游地区生态文明建设提供科学合理的空间格局保障。科学构建合理的城市化格局、农业发展格局、生态安全格局，将长江上游地区打造成经济繁荣、低碳高效、生态良好、幸福安康、社会和谐的生态文明先行示范区。参考已有文献（文传浩，2013），本章从生态经济文明、生态环境文明、生态社会文明、生态文化文明、生态政治文明五个维度探讨了长江上游地区生态文明建设的目标体系。

（一）生态经济文明总体建设目标

遵循生态经济学原理，依靠科技创新，积极扶持以安全食品生产为主导的生态农业；走新型工业化道路，以循环经济为模式，大力发展生态效益型工业；积极开发以生态旅游、生态物流业、绿色商贸业为主体的生态服务业，建立协调发展的生态效益型生态产业体系。

（二）生态环境文明总体建设目标

依靠科学技术，加强对现有天然林及野生动植物资源的保护，大力开展植树种草，治理水土流失，防治荒漠化；增强环境综合治理力度，完成一批对恢复和提高生态环境有重大作用的工程，努力实现生态环境的良性循环；建立起比较完善的生态环境预防监测和保护体系，明显改善长江上游大部分地区生态环境，基本形成长江上游大部分地区的山川秀美、人与自然和谐发展的新局面。

（三）生态社会文明总体建设目标

加快创建生态城市、建设生态社区、生态村镇等。建设生态城市，是落实科学发展观、实践"三个代表"重要思想和党的十八大提出的生态文明战略的具体体现，也是提高长江上游地区综合实力和竞争力的客观要求。

（四）生态文化文明总体建设目标

弘扬生态文化，培育崇尚人与自然和谐的文化，树立热爱自然、尊重自然、顺应自然、保护自然的生态文明理念；弘扬绿色消费观，大力倡导绿色消费方式，引导消费观念的转变，增强节约资源、保护环境的自觉性；建立健全学校生态文明教育、使得全社会牢固树立生态文明观念。

（五）生态政治文明总体建设目标

建立生态文明建设的组织协调机制、约束和激励机制，建立健全生态文明建设的考核机制，建立突发公共卫生、重大生态环境破坏事件的应急机制，建立健全生态文明建设的法律法规体系，并能在全社会得以贯彻执行。

二、生态文明建设评价的指标体系

生态文明建设是一个不断完善、与时俱进的过程，评价指标体系为生态文明的建设和发展提供了科学量化的指标。通过借鉴国内外先进的指标体系构建方法和生态文明建设特点，同时结合长江上游地区经济社会现状，重点加强生态质量指标、环境优良指标、经济生态相容性指标等。不仅要把经济效益、生态效益纳入指标评价体系，同时也要把社会效益纳入指标体系之中，在此基础上进一步选取操作性较强的指标，全面构建长江上游地区生态文明建设评价指标体系框架。构建科学合理的长江上游地区生态文明建设评价指标体系，不仅可以客观评价长江上游地区生态文明建设现状，而且可以更为直观和科学地反映长江上游地区生态文明建设工作成效，减少生态环境的进一步破坏。

生态文明建设评价体系是评价生态文明建设的依据，也是分解落实目标任务的依据。长江上游地区生态文明建设是一项复杂的系统工程，涉及因素众多，因此，本书以科学性、可行性、代表性、全面性和实用性为原则，建立长江上游地区生态文明建设评价的指标体系。该指标体系包含生态经济文明建设、生态环境文明建设、生态社会文明建设、生态文化文明建设、生态政治文明建设等5个方面26个指标。

（一）生态文明建设评价指标体系构建的原则

（1）坚持把尊重自然、顺应自然、保护自然作为本质要求，着力提高资源利用效率和生态环境质量，形成人与自然和谐发展的现代化建设新格局。

（2）坚持把节约优先、保护优先、自然恢复为主作为基本方针，着力推进绿色发展、循环发展、低碳发展，形成节约资源和保护环境的空间格局、产业结构、生产方式、生活方式。

（3）坚持把以人为本、可持续地满足人民群众日益增长的物质文化需要作为出发点和落脚点，坚持生态文明建设为了人民，生态文明建设依靠人民，为人民创造良好生产生活环境，为子孙后代留下天蓝、地绿、水净的美好家园。

（4）坚持把改革创新和科技创新作为根本动力，建立和完善生态文明制度体系，形成生态文明建设长效机制（马凯，2013）。

（二）长江上游地区生态文明建设的评价指标体系

根据国家生态文明建设试点示范区指标（试行），以及结合长江上游地区现状，从生态经济文明建设、生态环境文明建设、生态社会文明建设、生态政治文明建设、生态文化文明建设5个方面，设计26个指标（表4-1）。

本章构建了长江上游地区生态文明建设的目标体系，长江上游地区应按照这个目标体系，构建长江上游地区生态文明建设内容。党的十八大以来，习近平总书记对生态文明建设提出了一系列新思想、新论断、新要求，为我国走向生态文明建设的新时代指明了前进方向和实现路径，也为长江上游地区正确处理好经济发展与生态环境保护的关系指明了方向。十八大报告指出生态文明主要包括：生态经济文明、生态政治文明、生态社会文明、生态环境文明和生态文化文明 5 个方面。基于此，本书第五章至第九章主要从生态经济文明建设、生态环境文明建设、生态社会文明建设、生态文化文明建设、生态政治文明建设 5 个方面，探讨了长江上游典型地区（云南省、贵州省、四川省、重庆市）生态文明建设的基本内容。

表 4-1 长江上游地区生态文明建设评价指标体系构成

目标层	一级指标	二级指标	变量层	属性
生态文明建设指标	生态经济文明建设	1. 单位 GDP 能耗	吨标煤/万元	约束性
		2. 单位 GDP 碳排放强度	%	参考性
		3. 无公害、绿色食品、有机农产品和农产品地理标志农产品的增长率	%	参考性
		4. 城市污水处理率	%	参考性
		5. 工业固体废物综合利用率	%	参考性
		6. 第三产业增加值占 GDP 的比重	%	参考性
		7. 高技术产业增加值占 GDP 的比重	%	参考性
		8. 研究与试验发展经费支出比例	%	参考性
	生态政治文明建设	9. 规划环评执行率	%	约束性
		10. 生态环保工作占党政实绩考核的比例	%	约束性
		11. 环境信访满意率	%	参考性
		12. 党政干部参加生态文明培训比例	%	参考性
	生态社会文明建设	13. 人均公园绿地面积	公顷	约束性
		14. 生态文明建设公众满意度	—	参考性
		15. 建成区绿化覆盖率	%	参考性
	生态环境文明建设	16. 森林覆盖率	%	约束性
		17. 主要污染物排放强度	千克/万元（GDP）	约束性
		18. 城乡饮用水源地水质达标率	%	参考性
		19. 城市生活污水集中处理率	%	参考性
		20. 城市生活垃圾无害化处置率	%	参考性
		21. 区域环境噪声平均等效声级	dB	参考性

续表

目标层	一级指标	二级指标	变量层	属性
生态文明建设指标	生态文化文明建设	22. 生态文明知识普及率	%	约束性
		23. 国家级生态区（县、市）比例	%	约束性
		24. 市级以上"绿色社区"比例	%	约束性
		25. 区（县、市）级以上生态村比例	%	约束性
		26. 生态文明宣传教育普及率	%	约束性

资料来源：《国家生态文明建设试点示范区指标（试行）》；文传浩等（2013）

第五章

长江上游地区生态经济文明建设的基本内容

参考文传浩等（2013）关于生态产业的阐述，本章主要从生态产业（生态农业、生态工业和生态服务业）角度探讨了长江上游典型地区（云南省、贵州省、四川省、重庆市）生态经济文明建设的基本内容。

第一节　云南省生态经济文明建设的基本内容

云南省生态经济文明建设主要从生态农业、生态工业、生态服务业 3 个方面进行探讨。生态农业的建设主要包括加快高原特色生态农业发展，打造品牌

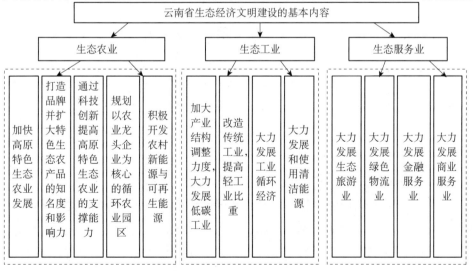

图 5-1　云南省生态经济文明建设的基本内容

并扩大高原特色生态农产品的知名度和影响力，通过科技创新提高高原特色生态农业的支撑能力等方面；生态工业的建设主要是改造传统工业，提高轻工业比重，大力发展和使用清洁能源，以及大力发展工业循环经济等方面；生态服务业的建设主要是大力发展生态旅游业、绿色物流业、金融服务业等方面。具体如图 5-1 所示。

一、云南省生态农业建设的基本内容

云南省从 20 世纪 90 年代开始实施生态农业建设，按照循环经济发展要求，建立了一批生态农业的示范点，截至 2015 年年底，云南省有 257 家企业 565 个产品获得绿色食品标志。云南省加快转变发展方式，推进农业现代化，大力发展高原特色农业，在基地建设、品牌建设、市场开拓等方面取得新突破，闯出一条具有云南特色的农业现代化发展路子。

云南省生态农业发展存在的问题：第一，滥用农药化肥，严重破坏了云南省农村的生态环境，同时也导致农产品质量变差。第二，农产品生产加工的综合利用率低。第三，农业产业化水平低，综合效益不高。第四，农业科技投入不足，成果转化有待加强。基于以上分析，本章认为云南省生态农业建设的基本内容如下。

1. 加快高原特色生态农业发展

云南省应加快调整农业产业结构，培育和壮大龙头企业，扩大其辐射和带动作用，重点建设高原粮仓、山地牧业、特色经作、淡水渔业、高效林业。具体如下：第一，因地制宜发展高原特色经济作物，如小麦、油菜花、天麻、茶叶、咖啡、橡胶、花卉、蔬菜、蚕桑、水果、甘蔗等。第二，加强对农民的高原特色生态农业技术的培训，切实提高农民的素质。第三，与旅游业相结合，大力发展休闲生态农业，增加农民的经济效益。

2. 打造品牌并扩大高原特色生态农业知名度和影响力

云南省要制定相应的政策，鼓励企业生产绿色无公害高原特色农产品，积极扩大高原特色生态农业的知名度和影响力。具体如下：第一，引导农业龙头企业实施品牌战略，打造农业龙头企业知名品牌，提升云南高原特色生态农业绿色、营养、安全、健康的品牌形象，不断提升云南高原特色生态农产品的市场竞争力和影响力。第二，支持农业产业协会、农业合作社采取联合、独立等多种方式，积极申请注册高原特色生态农产品商标和地理标志证明商标（何洛，2014）。

3. 通过科技创新提高高原特色生态农业的支撑能力

云南省要积极创新科技，提高高原特色生态农业的支撑能力。具体如下：第一，加强以农村合作组织、种植大户为主要对象的新型职业农民的培训力度，构建起以国家农技推广单位为主导，农村合作组织为依托，种养殖大户及能手积极参与，分工协作的多元化农业技术推广体系。第二，鼓励农业龙头企业加强技术创新力度，推进科技成果向现实生产力转化，提升农产品精深加工水平和产品档次，不断提高农产品的科技含量和附加值。第三，构建以农业龙头企业为主体、产学研相结合的农业科技创新体系，积极扶持在生物技术、良种培育、丰产栽培、节水节能、冷链保鲜、疫病防控等领域取得创新成果的科技型农业龙头企业，增强这些龙头企业的科技创新能力。

4. 规划以农业龙头企业为核心的循环农业园区

云南省要对现有的农业园区进行科学规划，合理布局，重点规划以农业龙头企业为核心的循环农业园区。具体如下：第一，云南省要加强对农业龙头企业的管理，充分发挥龙头企业的示范作用。农业龙头企业要积极引进循环农业先进技术，加强对现有设备的改造（高林怡，2011）。第二，农业龙头企业要积极改造传统工艺，推广立体种植技术，使用绿色原料，提高绿色农作物的产出效率，从而提高企业的经济效益。

5. 积极开发农村新能源与可再生能源

云南省要坚持"因地制宜，多能互补，综合利用，讲究效益"的农村新能源建设方针，积极开发风能、太阳能、生物质能等新能源，同时积极鼓励发展沼气，水电等农村新能源，从而提高新能源和可再生能源在农村能源结构中的比重，不断改善云南省的农村环境。

二、云南省生态工业建设的基本内容

云南省深化对"工业强省"战略的认识，坚持把"工业强省"作为跨越发展的第一战略，牢固树立绿色经济、特色发展、龙头带动、联动发展等理念，全力推动云南省新型工业化的跨越式发展。具体如下：第一，云南省工业发展速度较快。云南省的工业总产值一直保持持续增长的趋势，工业增加值从 2005年的 1168.7 亿元到 2014 年的 3899 亿元。第二，从云南省能源消费情况看，云南省的经济增长仍然是粗放型的经济发展方式。2000～2013 年，云南省的消费结构主要以煤炭为主，其次是电力消费，煤炭消费量占整个云南省能量消费总量的 81%～87%，电力消费量占能量消费总量的 7%～11%。第三，云南省能源利用效率有所提高。近年来，云南省将节能降耗减排治污工作放在突出的位置，积极引进先进的节能技术，提高了工业企业的节能水平。第四，云南省形成了以资源型重化工业为主的工业结构。总之，云南省工业发展速度较快，能源利用率有效提高，长期以来，云南省形成了以资源型重化工为主的产业结构，资源利用效率总体不高。基于以上分析，本章提出云南省生态工业的建设内容，如图 5-2 所示。

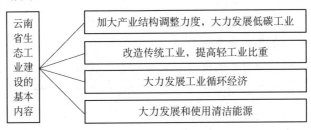

图 5-2　云南省生态工业建设的基本内容

1. 加大产业结构调整力度，大力发展低碳工业

云南省应该加大产业结构调整力度，大力发展低碳工业。具体如下：第一，云南省应该以绿色产业的发展为契机，逐渐降低"高能耗、高污染"产业的比重，推进冶金、化工、轻工、纺织、建材、电力等重点资源消耗和污染排放行业的结构调整升级，逐渐淘汰落后的设备、技术、工艺和产品，努力减少结构性污染。第二，大力开发工业人才资源。为深入贯彻落实工业强省战略，云南省要加强对各类工业人才的培训力度，提高工业人才的综合素质。第三，积极运用高新技术和低碳技术改造传统的工业，最大限度地提高资源生产效率和能源的综合利用率。第四，政府需完善激励和约束淘汰落后产能的相关政策，鼓励和引导企业加快淘汰落后的生产技术，努力研发新的节能技术，提高

能源的利用效率。

2. 改造传统工业，提高轻工业比重

当前云南的产业发展面临着结构单一、层次低、过度依赖于资源等一系列问题，转型升级压力重重。云南省要加快工业结构的调整升级需要做到如下几点：第一，云南省要积极调整工业结构，积极改造传统工业，大力提高轻工业比重。从过度依赖重化工业向注重轻工业转变，打造云南工业经济升级版。积极发展生物制药、食品饮料、纺织服装、家电日化等轻工业。烟草产业要加快现代烟草农业建设，优化卷烟结构，做大骨干产品规模，推进减害降焦和综合利用，开创烟草绿色生态全健康发展新境界。第二，加快发展清洁载能产业，支持滇西、滇西北、滇南、滇东北等水能资源富集地区，以及有条件的贫困地区发展水电矿产相结合的项目（国家发展和改革委员会，2013）。

3. 大力发展工业循环经济

当前云南省"高投入、高消耗、高排放、低效益"的经济发展特征仍然较为明显，经济发展的资源环境代价过大。云南省要按照减量化、再利用、资源化的原则，以清洁生产、资源综合利用为重点，将冶金、有色金属、煤炭、化工、建材等重点行业的典型耗能企业，作为推进循环经济的试点，在这些试点企业加快循环经济技术研发和推广力度。同时，云南省要积极鼓励企业加大循环经济投入力度，以及加强污染物治理技术研发的力度。

4. 大力发展和使用清洁能源

对云南省来讲，云南省的能源消费以煤炭为主，这种能源消费结构会产生大量的温室气体二氧化碳及其他污染物，势必会给云南省带来环境污染的问题。云南省需要对产业结构进行调整，促进产业升级，坚持走新型工业化道路，充分发挥云南省清洁能源储备的优势，如风能、太阳能、水电等清洁能源。

三、云南省生态服务业建设的基本内容

云南省将加快服务业发展作为调整经济结构的重要突破口，积极调整服务业的发展布局、优化发展环境，服务业发展十分迅猛。近年来，云南省生态服务业发展现状如下：第一，服务业发展迅速，对经济增长的贡献增强。由表 5-1 可知，2004～2014 年，云南省服务业增加值由 1041 亿元增加到 5541.6 亿元，云南省服务业对地区经济的贡献率逐年提高，比重由 35.2%提高到 43.2%，比重提高了 8 个百分点，年均贡献在 39.6%。这说明云南省服务业在经济发展中的作用日益重要，对经济增长的贡献逐步增强。第二，服务业内部结构日趋合理。近年来，云南省服务业内部结构不断优化。如图 5-3 所示，从云南省服务业增加值的内部构成看，服务业内部结构发生了较大变化。具体表现在：①其他服务业明显增长。2000～2013 年，其他服务业明显增长，2005 年以后，其他服务业比重均超过了 40%，这说明云南省其他服务业对经济增长的贡献比较大。②金融保险业实现赶超式发展。2009 年金融保险业比重甚至达到 14%，这说明金融保险业发展速度十分迅猛。③相对而言，传统的交通运输仓储和邮电通讯业、房地产业的增长则相对平缓。总之，这些变化表明云南省服务业正逐渐改变以传统服务业占绝对优势的单一结构格局，逐步形成以传统服务业为主体、多类型服务业齐头并进的新格局，云南省的服务业发展日趋完善（王晓琴，2012）。

表 5-1　2004～2014 年云南省服务业发展情况

项目	2004 年	2005 年	2006 年	2007 年	2008 年	2009 年	2010 年	2011 年	2012 年	2013 年	2014 年
服务业增加值/亿元	1041	1366.5	1540.5	1813.2	2228.1	2523.9	2890.4	3352.2	4236.1	4899.3	5541.6
服务业总值较上年增长幅度/%	10.7	10.8	9.1	12.1	12.1	13.4	11.5	11.8	11.4	12.4	7.4
服务业增加值占 GDP 的比重/%	35.2	39.4	38.5	38.4	39.1	40.9	40.0	38.3	41.1	41.8	43.2

资料来源：云南省历年国民经济和社会发展统计公报

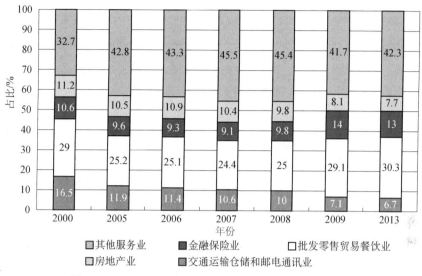

图 5-3　2000～2013 年云南省服务业内部结构变化情况

资料来源：《中国第三产业统计年鉴》（2001～2014）

尽管云南省服务业发展速度较快，对经济增长的贡献逐步增强，但是也存在如下问题：第一，服务业整体发展水平不高，发展不平衡等问题较为突出，同时还存在综合协调不到位、体制机制上的障碍等诸多问题；第二，资源开发存在问题，污染比较严重。随着云南旅游的快速发展，旅游环境污染问题越来越突出。

基于以上分析，本章认为云南省生态服务业发展的基本内容如下。

1. 大力发展生态旅游业

云南省要积极发展生态旅游业，具体建设内容如下：第一，云南省要精心打造观光、休闲、度假、商务、美食等特色生态旅游，积极开发体育健身旅游、红色旅游、生态旅游等特色生态旅游，打造特色生态旅游精品。第二，不断改革创新现代旅游业的发展模式，推进旅游业的科技化、信息化，加快旅游公共服务体系建设，鼓励旅游公共服务主体多元化。

2. 大力发展绿色物流业

云南省要积极发展绿色物流业，具体如下：第一，加快把昆明建设成为中国面向东南亚、南亚的国际物流中心进程。在有条件的地区推进一批物流基地建设，发展一批省级重点物流园区，做强做优一批省级重点绿色物流企业，打造一批综合物流中心、专业物流中心和配送中心。第二，云南省要积极整合利用现有物流资源，拓展服务功能，完善服务网络，推进城市配送体系建设，大力发展第三方物流。第三，注重农业生产资料、农产品、生活必需品、药品等领域绿色物流发展，支持快递能力建设。

3. 大力发展金融服务业

云南省要大力发展金融服务业，具体如下：第一，积极创新金融产品和服务，建设与现代产业发展协调发展的金融服务体系。第二，大力提升金融保险业的服务水平，着力缓解小微企业融资难题，全面推动金融服务改革创新，大力推广融资租赁服务。

4. 大力发展商业服务业

云南省要积极发展商业服务业，具体建设内容如下：第一，积极发展商务咨询服务。加快发展勘察设计、工程咨询、会计、税务、信用评估、经纪代理等专业咨询服务。第二，积极推动工业企业、商贸流通企业开展电子商务，引导中小企业依托专业化的第三方电子商务平台开展电子商务应用。第三，加快发展会展业，加强区域交流合作，强化会议展览互动。

第二节　贵州省生态经济文明建设的基本内容

本章主要从生态农业、生态工业、生态服务业 3 个方面，探讨贵州省生态经济文明建设的基本内容。贵州省生态农业建设的内容主要包括重新规划生态农业发展格局、大力发展立体生态农业、提高生态农产品附加值等方面；贵州省生态工业建设的内容主要是大力发展新兴产业，加大科技创新力度，优化产业结构，大力发展和使用清洁能源等方面；贵州省生态服务业建设的内容主要是大力发展生活性服务业、生产性服务业两个方面。贵州省生态经济文明建设的基本内容如图5-4所示。

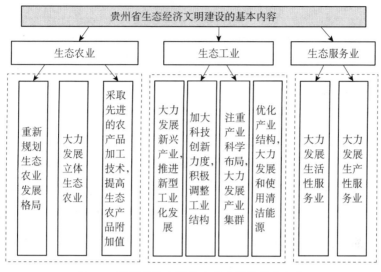

图 5-4　贵州省生态经济文明建设的基本内容

一、贵州省生态农业建设的基本内容

近年来，贵州省加快转变农业发展方式，大力发展特色生态农业，在基地建设、经营主体培育、品牌建设、市场开拓等方面均取得了新突破，闯出一条具有贵州特色的农业现代化发展路子。具体如下：第一，贵州省农业发展速度较快。2005～2013 年贵州省的农林牧渔总产值持续上升，从 2005 年的 335.5 亿元到 2013 年的 997.1 亿元，9 年间，贵州省的农业总产值增加了661.6 亿元。第二，农业品牌创建力度加大。截至 2014 年，贵州省累计获无公害农产品产地认证 1640 个，产品 1881 个，全省有效使用绿色食品标志企业 20 家 50 个产品，累计有 20 个农产品获地理标志保护登记。第三，农业生态园区建设步伐加快。近 10 年来，贵州省全面深入推进农业生态园区建设，2014 年，农业生态园区完成投资 863 亿元，213 个省级园区入驻企业 2421家，累计建成商品化种植基地 796 万亩，完成"三品一标"产品认证 647 个（赵克志，2015）。

尽管贵州省生态农业发展速度较快，但是发展过程中也存在诸多问题。具体如下：第一，滥用化肥农药，导致农村环境污染严重。农药和化肥的使用加剧了水体的污染，导致贵州省的农业环境污染较为严重。第二，生态环境十分脆弱，水土流失严重。在自然条件方面，贵州省位于喀斯特地区，受地质条件的影响，贵州省生态环境十分脆弱，山高坡陡，导致贵州省水土流失十分严重。第三，农业生产基础设施条件差，农业投入力度不够。基于对贵州省生态农业建设现状及问题的分析，本章认为贵州省生态农业建设的基本内容如下。

1. 重新规划生态农业发展格局

贵州省要以基本农田为基础，重新规划生态农业的发展格局。具体如下：第一，黔中丘原盆地都市农业区，优先发展优质水稻、油菜、马铃薯、蔬菜、畜产品等生态产业；第二，黔北山原中山农-林-牧区，重点发展优质水稻、油菜、蔬菜、畜产品等生态产业；第三，黔东低山丘陵林-农区，重点发展水稻、蔬菜、特色畜禽等优质生态产业；第四，黔南丘原中山低山农-牧区，重点发展优质玉米、蔬菜、肉羊等生态产业；第五，黔西高原山地农-牧区，重点发展优质玉米、马铃薯、蔬菜、畜产品等生态产业（朱邪，2014）。

2. 大力发展立体生态农业

贵州具有气候类型多样、立体气候明显的特点。境内有南亚热带、中亚热带、北亚热带、中温带 4 个气候带；以热量和水分为划分标准，全省可分为温热农业气候区、温暖农业气候区、温和农业气候区、温凉农业气候区和高寒农业气候区 5 个区。全省气候温和，冬无严寒，夏无酷暑，四季分明，发展立体生态农业的自然气候环境得天独厚。基于立体农业的特色优势，贵州省要积极构建农业循环产业链，如农牧结合型循环经济，深度加工型循环经济。具体如下：第一，逐步提高耕地的集约化水平，强化耕地质量管理；第二，加强对农民农作物耕种技术的培训，引导农民科学合理使用良种，积极使用节约型施肥技术，切实提高农产品产出效率，提高生态农产品的质量；第三，改革传统耕作方式，推广优良品种，提高农产品的质量。

3. 采取先进的农产品加工技术，提高生态农产品附加值

贵州省要加大对农产品加工技术的研究投入与创新应用，大力推广农业先进技术，提高生态农产品附加值（胡江霞，2015）。具体如下：第一，围绕茶叶、辣椒、果蔬、马铃薯等农产品，积极引进先进的农产品加工技术，提升农业产品的附加值。第二，加强对农户的科技培训，培训内容重点围绕生态养殖

技术、生态循环农业技术两个方面展开，完善科技指导直接到户、良种良法直接到田、技术要领直接到人的农业科技服务推广机制，从而提高生态农业产品的附加值。

二、贵州省生态工业建设的基本内容

面对严峻复杂的外部环境和经济下行压力，在贵州省政府坚强领导下，认真落实党中央、国务院各项决策部署，牢牢守住经济发展和生态建设两条底线，贵州省的工业保持着快速增长的势头。具体特征如下：第一，工业发展速度较快。2005～2014 年，贵州省的工业增加值从 2005 年的 711.9 亿元上升到 2014 年 3140.9 亿元（图 5-5）。第二，能源消费仍以煤炭消费为主。2000～2014 年，贵州省能源消费内部结构变化情况如下：煤炭消费>电力消费>柴油消费>汽油消费>燃料油消费>煤油消费>天然气消费>原油；贵州省的煤炭消费量占整个能量消费总量的 89%～92%。第三，工业内部中重型化趋势明显，资本与资源密集型特征明显。2005～2011 年，贵州省重工业的比重持续较高，贵州省在工业化发展过程中存在着资本与资源密集型的特征（图5-6）。

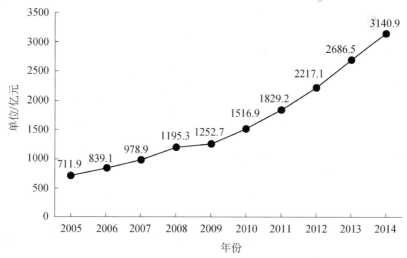

图 5-5 贵州省的工业增加值情况（2005～2014 年）

资料来源：《贵州统计年鉴》（2006～2015）

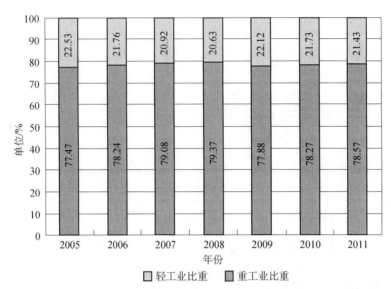

图 5-6　贵州省轻工业、重工业占工业总产值的比重

资料来源：历年《中国能源统计年鉴》的数据

贵州生态工业发展存在的问题具体如下：第一，粗放型的工业发展模式造成资源利用效率低下。2005～2011 年，贵州省的单位 GDP 能耗远远高于全国平均水平，可知贵州省工业的快速发展是以巨大的能源消耗为代价的，能源的投入远远大于能源产出，是一种典型的粗放型的工业发展模式。第二，工业废弃物回收综合利用率较低。贵州省工业废弃物回收综合利用效率低下，"三废"综合利用产值总体水平不高，2004～2013 年，贵州省的工业废水排放达标量远远低于全国平均水平，贵州省的固废综合利用率较低。第三，贵州省工业化的技术创新能力低。2013 年，贵州综合科技进步水平指数为 32.48%，列全国倒数第二位，仅高于西藏。基于贵州省生态工业现状及问题的分析，本章认为贵州省生态工业建设的基本内容如下。

1. 大力发展新兴产业，推进新型工业化发展

贵州省要大力发展新兴产业，推进新型工业化发展。具体如下：第一，重点发展节能环保、信息技术、新材料、新能源、高端制造等新兴产业，加大风电、物联网等技术研发和推广力度；第二，发挥三大电信运营商数据中心、富士康产业园和中关村贵阳科技园的集聚示范效应，打造电子信息产业集群。加快

建设贵阳、遵义新材料基地，改造提升金属及合金材料、化工材料生产水平[①]。

2. 加大科技创新力度，积极调整工业结构

受地处边远、经济欠发达、市场不健全、创新力不足等因素的制约，贵州省的工业结构主要以冶炼化工、建筑建材、采掘业、原材料工业为主，基础原材料工业比重大，产品附加值低，增值能力弱，"高能耗、高污染、资源型"工业仍是贵州省工业结构的基本特征。贵州省要想扭转工业化发展的诸多劣势，必须要加大科技创新力度，积极调整工业结构，具体从以下几个方面着手：第一，大力开发光机电一体化产品、新技术、新工艺、新材料等高新技术产品，充分发挥汽车零部件、工程液压基础件、新型电池等产品的竞争优势；第二，加快建设以存储技术产品、新型电子元器件、特色数据产品为主的电子信息产业基地，制定一些优惠的政策，激励这些产业基地开发出更多的高新技术产品（张虹和徐厚义，2010）。

3. 注重产业科学布局，大力发展产业集群

贵州省要注重产业科学布局，大力发展产业集群，具体如下：第一，应充分重视产业集群的发展，按照地区产业发展特点，推进产业的空间集聚，充分发挥产业的空间集聚效应，切实提高企业的经济效益。第二，重新规划生态工业园区的布局。按照产业发展的经济特性，将相关企业集中在固定的区域，同时，积极推动这些工业园区的生态化改造。

4. 优化产业结构，大力发展和使用清洁能源

贵州省要积极优化产业结构，大力发展和使用清洁能源，具体如下：第一，加大对产业结构进行调整，积极淘汰落后产能，发展环境友好型的新型产业；第二，大力推广风能、太阳能、水电等清洁能源。

三、贵州省生态服务业建设的基本内容

贵州省按照工业化、信息化、城镇化、农业现代化同步发展的要求，将加快服务业发展作为调整经济结构的重要突破口，以市场化、产业化、社会化、国际化为主要方向，努力优化产业布局、改善发展环境，加快发展生产性服务业。贵州省生态服务业建设现状如下：第一，服务业发展迅速，对经济增长的

---

① 参见《贵州省人民政府公报》，2014-2-20。

贡献增强。如表 5-2 所示，2004～2014 年，贵州省服务业增加值由 543.1 亿元增加到 4128.5 亿元，服务业一直保持着 10% 以上的增长幅度（图 5-7）。第二，服务业发展类型越来越丰富，如电子商务、大数据服务、会展、融资租赁等一批新兴服务业不断涌现，服务业内部结构日趋合理，具体表现为传统服务业比重不断下降和现代服务业比重逐步上升。第三，服务业发展水平相对滞后，占全国的比重仍较低。贵州省服务业虽实现较快发展，但总体来看，服务业发展水平仍然较低，如 2013 年，贵州省的服务业增加值占全国服务业增加值的比重仅为 1.4%。

表 5-2　2004～2014 年贵州省服务业发展情况

项目	2004 年	2005 年	2006 年	2007 年	2008 年	2009 年	2010 年	2011 年	2012 年	2013 年	2014 年
服务业增加值/亿元	543.1	756.0	892.5	1109.0	1376.8	1865.2	2163.6	2641.6	3256.8	3734.0	4128.5
服务业总值增长幅度/%	12	13.3	11.8	17.3	12.9	12.6	12.1	14.2	12.1	12.6	10.4
服务业增加值占 GDP 的比重/%	34.1	39.1	39.4	40.9	41.3	47.9	47.1	46.3	47.9	46.6	44.6

资料来源：《贵州省国民经济和社会发展统计公报》（2004～2014）

基于以上分析，本章认为贵州省生态服务业发展的基本内容如下。

1. 大力发展生活性服务业

（1）大力发展生态旅游业

旅游业是第三产业的"龙头"，它的发展带动着交通运输、邮电通信、宾馆餐饮、城市建设、商业贸易、文化娱乐等近 50 个行业的发展。贵州省要从如下几个方面大力发展生态旅游业：第一，在对现存的自然资源进行深度开发的同时，进一步挖掘历史文化资源，实现贵州旅游产品品牌化经营和规模经营，从而带动城市、经济、文化各方面共同发展；第二，加快旅游产业化发展

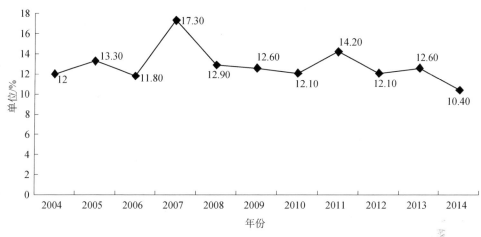

图 5-7 2004～2014 年贵州省服务业增长率态势图

资料来源：《贵州省国民经济和社会发展统计公报》（2004～2014）

步伐，对旅游区的景点进行重新包装，重点打造黄果树、龙宫、荔波、梵净山、赤水、万峰林、雷公山生态旅游区，从而提高贵州旅游品牌的知名度。

（2）大力发展商贸流通业及健康服务业

贵州省要大力发展商贸流通业及健康服务业：第一，大力发展以仓储超市和物流配送为重点的新型商贸流通业，满足人们日常生活的需要；第二，积极发展健康服务业，重点发展医疗卫生、健康管理、养身保健、健康养老等服务业，构建管理规范、运转顺畅、分工合理的健康服务业体系（王璐瑶，2014）。

2. 大力发展生产性服务业

贵州省要大力发展生产性服务业：第一，大力发展第三方物流，促进物流业与制造业、商贸流通业的融合、联动发展，提高物流社会化、专业化程度。第二，完善地方金融服务体系，加快证券市场、保险市场发展，支持和培育一批企业上市融资。第三，加快发展信息服务业，大力培育和发展云计算、数据处理产业。第四，推动节能环保服务业加快发展，推进会展、研发设计、软件服务、动漫创意等新兴服务业发展。

3. 增强服务业的自主创新能力和投入力度

贵州省要通过引进先进的技术，增强服务业的自主创新能力和投入力度。具体如下：第一，依托有竞争力的企业，通过兼并、联合、重组、上市等方式，促进规模化、品牌化、网络化经营，形成一批拥有自主知识产权和知名品牌、具有较强竞争力的大型服务企业或企业集团，提升全省服务企业规模和品牌。第二，加大服务业有效投入力度，保障服务业重点项目所需的土地、资金等各类资源要素及时到位，及时解决重点项目建设中出现的问题，把重点项目建设任务落到实处，确保服务业的发展后劲。

第三节　四川省生态经济文明建设的基本内容

本章主要从生态农业、生态工业、生态服务业 3 个方面，探讨四川省生态经济文明建设的基本内容。四川省生态农业建设的内容主要是推广高效生态农业模式、建立农业服务支撑体系等方面；四川省生态工业建设的内容主要是加大发展工业循环经济力度、加大生态工业园区建设、大力发展清洁能源等方面；四川省生态服务业建设的内容主要是大力发展生产性服务业，以旅游业为龙头，促进服务业快速健康发展两个方面进行建设。四川省生态经济文明建设的基本内容如图 5-8 所示。

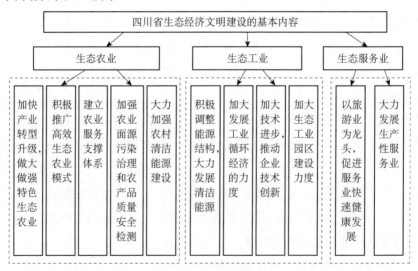

图 5-8　四川省生态经济文明建设的基本内容

一、四川省生态农业建设的基本内容

近年来，四川省紧紧抓住西部大开发的战略机遇，大力加强现代农业产业基地建设，大力发展特色农业，全省的农业得到了较快发展。具体如下：第一，农业总产值继续攀升，但增速不太稳健。2005～2013 年，四川省的农业总产值由2005 年的 2458 亿元上升到 2013 年的 5620 亿元，9 年间，农业总产值增加了3162 亿元，但是农业发展速度不太稳健，总体呈现出先上升-下降-再上升-再下降的态势（图 5-9）。第二，调整农业结构，大力发展生态农业。四川省在发展现代农业生产过程中，充分利用资源优势，大力发展循环型、观光型生态农业，基本形成现代农业发展体系和高度集约的农业生产结构，促进了农业增效和农民增收。

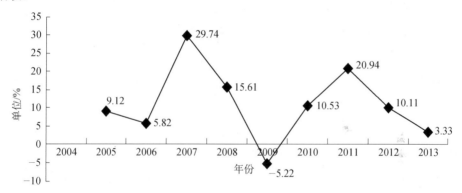

图 5-9　四川省农业发展增速情况图

资料来源：历年《中国农村统计年鉴》的数据

四川省生态农业存在的问题：第一，农业环境污染较为严重。四川省在农业生产中大量使用的农用化肥和农药，以及养殖业产生的农村固体废物加剧了水体的污染，使得农业环境污染越来越严重。第二，农产品生产加工的综合利用率低。四川省秸秆热解气化供气点和沼气集中供气点较少，秸秆固化成型年产量和秸秆炭化年产量也较少，这说明四川省农产品的秸秆利用率较低。基于此，四川省生态农业发展的基本内容如下。

1. 加快产业转型升级，做大做强特色生态农业

四川省要加大农业产业结构的调整力度，做大做强特色优势产业。具体如下：第一，以建设绿色食品和有机食品基地为重点，积极发展绿色有机农产品

生产；第二，着力打造生态特色农产品（如瓜果蔬菜、猪牛羊、粮棉油等）生产基地；第三，建设一批集种植、养殖、旅游休闲为一体的农业生态产业园区，在园区内推广使用沼气、太阳能、风能等新能源，推进农业生态园区的规模化经营。

2. 积极推广高效生态农业模式

四川省要依据不同的自然气候条件、农业发展状况，分别采用"果—草—畜—沼"、"茶—草—禽"、"菜—畜—沼"、"稻—土豆"、"林—菌"、"林—药"、"林—草"、"林—花卉"和"林果—魔芋"等第一产业为主生态循环模式，充分利用种植业、养殖业、农产品加工业的物质和能量流动，形成种植业（养殖业）—农产品加工业—废弃物资源化—种植业（养殖业）链条等。从产业链条延伸出市场物流、科技服务、观光休闲等第三产业，实现经济链和生物链的有机结合，从而形成功能复合、良性互动的生态农业体系。

3. 建立农业服务支撑体系

四川省要建立农业产业服务支撑体系：第一，加强农业社会化服务建设，建立和完善农产品质量安全、动植物防疫、农业科技推广等现代农业保障体系，提高气象灾害的预报、预警能力。第二，加大农村劳动力转移培训力度，以科技培训、农民工技能培训等工程为依托，促进农村富余劳动力有序转移。第三，落实农民工返乡创业政策，鼓励和支持外出务工成功人士回乡创业。

4. 加强农业面源污染治理和农产品质量安全检测

四川省要加强农业面源污染治理和农产品质量安全检测：第一，加大农业执法和农产品质量安全整治，加强农业生态环境保护，加大对工业污染排放的检查监管力度，优化农业生产环境；第二，加大对农业面源污染的治理力度，鼓励农民合理使用化肥，推广使用易降解的农用薄膜；第三，加大农产品质量检测安全监管力度，提高农产品质量安全水平。

5. 大力加强农村清洁能源建设

四川省要大力加强农村清洁能源建设：第一，积极优化农村的用能结构，大力推广使用沼气、风能、太阳能、地热能等多种新能源，实现农村经济发展与生态环境保护的有机统一；第二，加强农业废弃物的循环利用力度，提高农用废弃物的利用效率，如可以把畜禽粪便、农作物秸秆、农膜等农业废弃物充分再利用起来，实现资源的循环利用，从而减少农业的面源污染。

二、四川省生态工业建设的基本内容

近些年来，四川省各地大力推进消费品工业产业结构调整与创新驱动发展，在科技的迅猛发展和信息化、工业化深度融合的情况下，走出了一条"创新驱动"的工业化路子，在加快建设资源节约型、环境友好型社会的情况下走出了一条"绿色低碳"的工业化路子。四川省生态工业发展现状如下：第一，工业发展速度较快，总产值保持持续增长态势，但发展态势不太稳健。2005～2013 年，四川省的工业增加值从 2527.1 亿元上升为 11 852 亿元。第二，第二产业内部重型化趋势明显，资源类产业发展迅速。2005～2013 年，四川省重工业的比重呈现出不断上升的趋势。第三，生态工业园区发展状况。2011 年 12 月，四川省 10 家生态工业园区成为首批获批试点的生态工业园。此举标志着四川省的生态园区建设正式拉开帷幕，开始了打造绿色四川的步伐。

近几年，四川省的生态工业取得了长足的发展，但是生态工业发展存在如下问题：四川省的工业发展仍然呈现"直线型"和"重型化"的特征，资源产出利用效率低下，工业污染问题严重，重工业比重过大，污染性行业比重偏高。传统的工业发展模式存在的弊端依然没有得到有效的解决，严重阻碍了工业实现可持续发展的道路。基于以上分析，本章认为四川省生态工业发展的基本内容如下。

1. 积极调整能源结构，大力发展清洁能源

四川省的经济增长主要依靠投资拉动，资源利用率低，呈现出明显的"高投入低产出"的粗放型特征，这种经济增长方式带来了严重的环境污染问题。如果四川省不转变经济发展方式，将会加速资源的耗竭和环境状况的进一步恶化。因此，四川省应该进一步调整能源结构，进一步加大清洁能源开发力度。具体如下：①加大水电能源开发的力度。四川省位于长江上游地带和三峡工程上游区域，既是我国水能资源最丰富的地区和我国未来清洁能源的主要供应基地，又是长江上游重要的生态屏障（李文东，2009）。因此，四川省要利用这些资源优势，加大水电能源开发的力度。②加强天然气开发力度。结合四川省实

际，按照扬长避短和经济与生态并重的原则，大力开发各种清洁能源，包括沼气、太阳能、风能、地热能等清洁能源。③进一步调整交通结构。以提高能源利用效率为目标，加强城市公共交通设施的建设力度，特别是加强对污染小、运力大、成本低的地铁和轨道交通的建设力度。

2. 加大发展工业循环经济的力度

四川省要加大发展工业循环经济的力度，具体如下：①加大循环经济发展的投入力度。对于符合循环经济要求的新建项目，或者扩建项目，政府优先予以支持，并提供一定的资金补助。②进一步加强循环经济研发力度，在工业企业大力推广和应用工业循环经济技术。③聘请相关专家，定期对工业企业员工进行培训，让员工加深对循环经济的了解，掌握循环经济的相关技术。

3. 加大技术进步，推动企业技术创新

四川省要加大技术进步，推动企业的技术创新，具体如下：①积极引进先进的技术，加强产品的更新换代，发展具有资源优势的环境友好型产业，推进企业的转型升级。②推广应用节能、安全、环保、高效的工艺技术，鼓励企业进行设备更新，以及引入先进的技术，提高产品的质量，从而提高企业的生产效率。

4. 加大生态工业园区建设力度

四川省的生态工业园区建设应按照"循环发展、集群发展"的思路进行规划，具体如下：

第一，在对区域内市场环境、资源现状、产业发展现状调研基础之上，确定园区的主导产业。第二，各工业园区要根据产业发展的特点，按照减量化、再循环、再利用的原则，加快发展生态产业集群。第三，各工业园区要以实施节能环保、循环经济示范项目为载体，对已建的工业园区开展生态化改造。（王小玲，2011）

三、四川省生态服务业建设的基本内容

四川省积极转变服务业发展方式，按照发展提速、比重提高、水平提升的总体要求，深入推进西部物流中心、西部商贸中心、西部金融中心建设，加快实施"服务业示范引领工程"，积极构建区域协调、产业互动、结构优化、功能完善的现代服务业发展新体系，全面提高服务业整体发展水平。四川省生态服

务业建设现状如下：第一，四川省的服务业取得了长足的发展，如表 5-3 所示，2004～2014 年，四川省服务业增加值由 2471.8 亿元增加到 10 486.2 亿元，四川省服务业增加值占 GDP 的比重呈现出稳中有降的态势，发展仍然不够稳健。四川服务业对 GDP 的拉动作用仍较弱，还未充分发挥服务业对经济增长的引擎作用。第二，四川省第三产业以传统服务业为主，但比重有所下降。改革开放以来，四川省的交通运输、仓储和邮政业、批发零售业及住宿餐饮业等传统服务业比重呈现出不断下降的趋势，其他服务业明显增长，金融业超越式发展（黄勤和刘波，2009）。第三，四川省旅游业发展速度较快。2005～2014 年，四川省国内旅游人数、国内旅游收入以及国际旅游外汇收入呈现出不断上升的趋势。

表 5-3　2004～2014 年四川省服务业发展情况

项目	2004 年	2005 年	2006 年	2007 年	2008 年	2009 年	2010 年	2011 年	2012 年	2013 年	2014 年
服务业增加值/亿元	2471.8	2836.7	3259.1	3817.7	4350.0	5198.8	5850.4	7015.3	7964.8	9256.1	10 486.2
服务业总值增长幅度/%	10.9	10.7	11.6	13.0	8.3	12.4	10	10.9	11.2	9.9	8.8
服务业增加值占 GDP 的比重/%	37.70	38.41	37.73	36.34	34.78	36.73	34.62	33.36	33.39	35.25	36.75

资料来源：历年《四川省国民经济和社会发展统计公报》

四川省服务业发展存在的问题如下：第一，服务业总体规模偏小，发展速度较慢。2014 年四川省服务业增加值为 10 486.2 亿元，仅为江苏省的 34.5%，也落后于辽宁、河北等同等发展水平的省份。此外，四川省服务业发展速度较慢，近四年年均增速仅为 10.2%，"十二五"以来均未能完成 12% 的既定增长目标。第二，生产性服务业整体发展不足，缺乏支撑作用。目前四川省生产性服务业存在着企业规模不大、服务功能不强、服务水平不高等问题，生产性服务业对第一、第二产业的改造提升、带动性不强，缺乏相互融合与联动发展。第三，对现代服务业的扶持政策仍然偏少。相比工业和农业，四川省对服务业特别是现代服务业的扶持政策较少，这些都不利于促进知识技术含量高的现代服务业发展。第四，生态旅游业发展存在生态旅游产品水平不高、特色不突出等问题。对于生态旅游产品，为吸引消费者而开发的生态旅游产品并不多。基于以上分析，本章认为四川省生态服务业发展的基本内容如下。

1. 以旅游业为龙头，促进服务业快速健康发展

从四川省的资源优势出发，在推进服务业发展中应把生态旅游业作为发展重点。四川省旅游资源极其丰富，应积极打造一批有特色的旅游精品。具体如下：第一，充分发挥四川省独特的旅游资源优势，重点加快卧龙中华熊猫园、九寨沟、黄龙、峨眉山—乐山大佛、都江堰—青城山等风景名胜区及景点的开发力度，打造一批有鲜明地域特色的生态旅游精品。第二，加强旅游景区基础设施的改造，在不破坏生态环境的前提下，积极改善旅游景区的交通、食宿、娱乐、购物等条件，从而增加旅游景点的吸引力。第三，加强对旅游从业人员的管理，切实提高从业人员的素质，从而形成规范的旅游业务机制。第四，结合旅游景区的自然风光、人文底蕴，以及根据不同层次游客的需求，积极开发新的旅游产品（如观光旅游、度假旅游、特色旅游等）。

2. 大力发展生产性服务业

四川省应按照新型工业化发展需要，优先发展生产性服务业，深化分工与合作，推进服务业与制造业融合发展，促进制造业转型升级。优先发展生产性服务业的基本内容如下。

第一，生态金融业。深入实施金融改革，加快推进西部金融中心建设。积极引进银行、保险、证券、期货、信托、基金、资产管理等各类内外资金融机构及与金融业密切相关的中介机构在川设立区域性总部、法人机构或分支机构。加快发展多层次资本市场，重点建设多层次股权市场、多品种债权市场和培育各类要素市场。加大金融产品开发和创新抵押质押、发行债券等金融服务，加快保险业务创新，完善信用担保体系，加强和改善农村金融服务。探索建立金融创新示范区。

第二，生态物流业。四川省要以提高全社会物流运作效率和降低物流运行成本为核心，依托西部交通枢纽建设，在成都、绵阳、达州、遂宁、泸州等城市有序推进国家级物流枢纽建设，加强物流园区、物流中心和配送基地建设，打造航空、铁路、公路、水运货物转运中心。加快物流基础设施和港（口）站（场）集疏运体系建设，高质量发展现代物流集聚区，推动全省物流信息化和标准体系建设，加快发展第三方物流。

第三，科技信息服务业。积极发展科技服务，鼓励有条件的地区成立工业设计企业和工业设计服务中心、生产力促进中心和大学科技园等机构，建设研发设计交易市场和多种功能的公共服务平台，推动市场化运营。选择软件开发、物联网服务、"三网融合"、移动互联网应用等发展领域，积极培育云计算、数字出版、网络增值服务、空间信息服务、远程医疗等新兴信息服务业态，促进数字内容和信息网络技术融合创新，大力推动数字虚拟等技术在生产经营领域的应用。

第四节　重庆市生态经济文明建设的基本内容

本章主要从生态农业、生态工业、生态服务业 3 个方面，探讨重庆市生态经济文明建设的基本内容。重庆市生态农业建设的内容主要是大力推广生态农业模式、发展农业生态技术、加强农产品质量安全监管力度等方面；重庆市生态工业建设的内容主要是大力发展节能环保产业、优先发展新能源生态产业、对化工企业实行生态化改造等方面；重庆市生态服务业建设的内容主要是大力发展现代服务业、大力发展生态旅游业两个方面。重庆市生态经济文明建设的基本内容如图 5-10 所示。

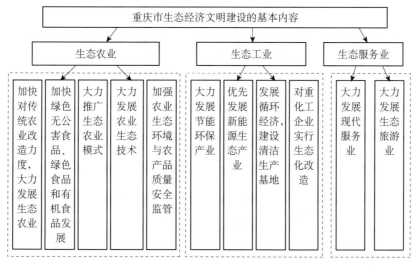

图 5-10　重庆市生态经济文明建设的基本内容

一、重庆市生态农业建设的基本内容

重庆市要加大对传统农业转型升级的力度，积极推广生态农业模式，大力发展生态农业，这既是加强生态环境保护的需要，也是加快经济发展的需要。重庆市生态农业建设的基本内容如下。

1. 加快对传统农业改造的力度，大力发展生态农业

重庆市要加快对传统农业改造的力度，大力发展生态农业。具体如下：第一，构筑都市功能核心区、拓展区的都市精品生态农业，渝东南、渝东北地区的特色生态农业等两大特色生态农业产业带，重点培育"畜牧、中药材、林产、园艺"四大主导产业，发展畜禽、水产、蔬菜、水果、中药材、榨菜、茶叶、花卉、烤烟 9 个重点特色农产品及优势品种[①]；第二，国家重点生态功能县，城口、云阳、奉节、巫山、巫溪 5 个县要大力发展精品生态农业，提供生态产品。

2. 加快无公害食品、绿色食品和有机食品发展

重庆市要以基地生态化、品种多样化、产品优质化为目标，加快建设一批特色优质无公害食品、绿色食品和有机食品生产基地。同时，生产基地要积极引入先进的生态农业生产技术，加快发展无公害食品、绿色食品和有机食品生产。

3. 大力推广生态农业模式

重庆市要大力推广生态农业模式：①以沼气利用为重点，在种植业和畜牧业中大力推广生态节能技术，发展"牧-沼-种"的循环开发模式，大力发展生态农业；②积极发展以农田为基础的粮食生产和农副加工产业、畜产品加工业、饲料加工业连成一片，以能源的获取和综合利用环节为生态农业发展模式的主要中间环节。生态农业发展的循环过程如图 5-11 所示。此外，还要将沼气建设与农村"改厨、改厕、改圈"结合，与改善农村环境、发展生态农业相结合，实现农业生产与农民生活两个单位内部能流与物流的良性循环。

---

① 参见《重庆市十二五建设生态文明先行示范区研究》。

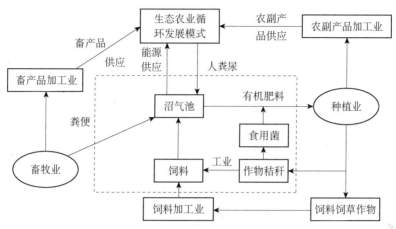

图 5-11　生态农业循环发展模式

4. 大力发展农业生态技术

重庆市要大力研究开发节水农业耕作栽培技术、农田节水灌溉技术和节水管理技术，实现水资源的高效与可持续利用。具体如下：第一，围绕新品种的引进、培育，农产品质量监控，农产品的深加工，农业病虫害的防治，农业生态环境保护等方面，积极组织科研人员进行科技攻关，加强农业生态技术的研发力度。第二，积极发展农业生态技术，如降低成本与节约资源技术、生态环境保护技术、生物技术、农业新品种研发技术等。第三，构建多元化科技推广服务体系，让农业科技服务下乡入户，让农民了解生态农业的操作技术。

5. 加强农业生态环境与农产品质量安全监管

重庆市要进一步加强农业生态环境与农产品质量安全的监管力度，具体如下：第一，加大农业生态环境监管力度，建设多个农业生态环境质量监测点，实时监控农业生态环境状况，此外，对于破坏农业生态环境的行为，要依法重点查处。第二，加强对农产品质量安全监管力度，重点监测农产品农药残留情况、动植物病虫灾害防治情况等，从而提升农产品质量的安全水平。第三，进一步加大农业关键技术推广力度，特别是加强农业生态技术的研发力度，大力开发生物有机肥料加工、生物防治与绿色控害技术，从而提高农产品质量。

二、重庆市生态工业建设的基本内容

重庆市以构建工业循环产业链为依托，以技术创新和制度创新为动力，按照减量优先、再利用、资源化齐头并进的原则，加快对工业结构的调整，大力发展节能环保、信息技术、生物、新能源、新材料等新兴产业。但是，重庆市在生态工业发展中还存在诸多问题，如工业污染较为严重，资源综合利用率不高，生态工业园区环保基础设施建设比较缓慢，生态工业技术储备不足等问题。基于以上分析，本章认为重庆市生态工业建设的基本内容如下。

1. 大力发展节能环保产业

重庆市要建立和完善绿色产业发展机制，重点改造冶金、纺织、轻工食品等传统优势产业，推动传统产业从数量规模型向品牌效益型转变，大力发展技术、资本密集型节能环保产业。加快核电、风电、太阳能光伏发电等新材料、新装备的研发和推广力度，大力发展节能环保产业。此外，重庆市要加大资源综合利用力度，推进工业"三废"综合利用，规范和完善再生资源回收体系建设，如制造业生产系统所产生的废弃物，应迅速进入产品的回收体系。同时，将制造企业产生的过时产品、报废产品通过技术改造、性能升级或者修复和再制造，形成一系列环保产品体系（节能产品、环保产品和其他产品）。具体如图5-12所示。

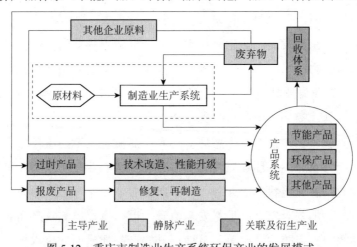

图5-12　重庆市制造业生产系统环保产业的发展模式

2. 优先发展新能源生态产业

重庆市要根据资源禀赋、区位条件和产业特点，加快发展新能源生态产业，打造循环经济的样板田，重点发展风能、太阳能、沼气、地热能，形成风力发电、太阳能、沼气应用的新能源生态产业体系。新能源产业循环过程如下：风能可以用于配备风电设施的设备发电；秸秆废物所产生的沼气，可以用来发电和供热；光伏光电产品可以使用太阳能作为能源。如图 5-13 所示。

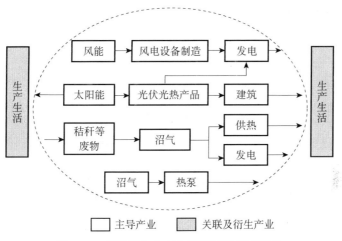

图 5-13　新能源生态产业循环经济发展模式

3. 发展循环经济，建设清洁生产基地

重庆市要从社会层面、生态工业园区层面及企业层面三个维度，发展循环经济，具体如下：第一，社会层面，主要是为循环经济发展提供决策支撑，以及提供环境友好型产品，如提供化学工业产品、新能源产品等；第二，生态工业园区层面，主要是对污染物进行集中控制，以及重点发展循环工业，如发展清洁能源产业、新材料工业等；第三，企业层面，重视对废弃物的循环利用及建立清洁生产基地。如图 5-14 所示。

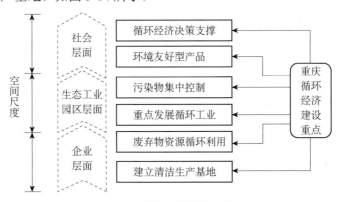

图 5-14　重庆市循环经济建设重点

重庆市要推进资源循环利用，建设清洁生产基地，建设基本内容如下：①加大工业固体废物的循环利用。从源头上节能降耗，以冶金、化工、电力、建材、饮料、医药六大行业为重点，实现工业固体废物排放逐年减少。②以冶金、化工、电力、建材等行业为重点，推行工业用水的循环利用。逐步淘汰落后用水设备、工艺和技术，强化"排污许可证"制度，创建一批零排放企业。③着力建成一批示范性环保工程，着力培育一批环保企业集团，加快建成国家级环保产业园区。④建设循环型工业，推进工业"三废"综合利用，加快资源综合利用示范工程建设，开展园区循环化改造，规范和完善再生资源回收体系建设。

4. 对重化工企业实行生态化改造

重庆市依托国家级长寿经济开发区、涪陵工业园区，对重化工企业实行生态化改造，具体如下：①构建新型化工产业经济发展新模式。推行"五个一体化"理念，充分利用各种原材料（如天然气、煤炭、钢铁、石灰石等），充分使用多种加工装备，发展循环产业及关联衍生产业。构建独具特色的天然气化工、石油化工、新材料加工、冶金及精品钢材加工等循环产业集群，从而达到资源循环利用的目的。具体如图 5-15 所示。②集成专业化投入和管理服务，搭建公用平台，集中建设公用工程设施，提高资源综合利用率。③制定高环保标准，保障经济运行质量。严把入园"产业门槛"和"环保门槛"关，杜绝高污染、高耗能、低产出的企业进入。

三、重庆市生态服务业建设的基本内容

重庆市加快产业结构的调整，服务业发展的势头强劲，对经济社会的贡献不断提高，2004 年服务业增加值仅为 1052.83 亿元，而 2014 年则上升为 6672.51 亿元。重庆市服务业对外开放步伐加快。服务业利用外资和各种社会资本的规模不断扩大，一批国际知名的大型物流、金融业、批发零售等服务业企业相继落户重庆市。鉴于重庆市五大功能区发展现状，重庆市生态服务业建设主要从现代服务业、生态旅游业两个方面打造。

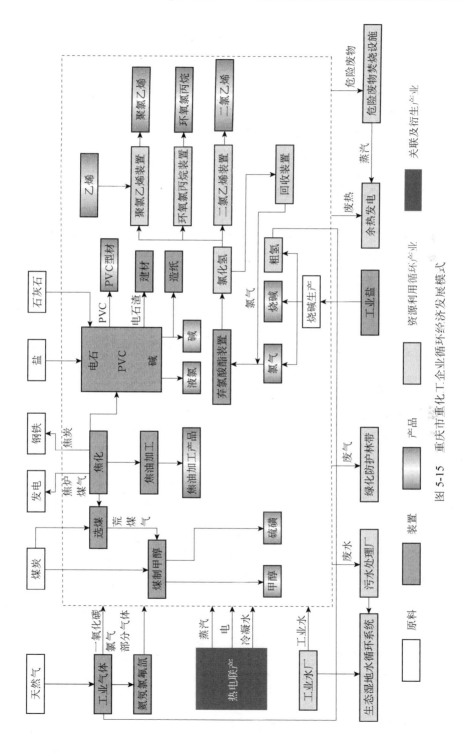

图 5-15 重庆市重化工企业循环经济发展模式

1. 大力发展现代服务业

重庆市发展现代服务业应以高端化、生态化为导向，重点发展现代物流、金融服务、会展业等低碳型生产性服务业、新兴服务业和高端服务业，促进服务业全面向低碳型生态化方向转变。具体如下：第一，加强解放碑—江北嘴—弹子石中央商务区和重大商务集聚区建设，升级改造解放碑、观音桥、大坪、三峡广场、杨家坪和九宫庙等商圈，发展低碳型商业业态，建设电子商务信息平台，打造长江上游地区的消费时尚中心（俞文，2013）。第二，大力发展高端生产性服务业，把重庆市建设成为西部地区会展之都。第三，加快发展研发设计、软件设计、信息等高技术服务业。第四，随着经济的发展，人们对医疗美容、养老保健等需求越来越大，因而重庆市需要加快发展现代生活性服务业，大力发展医疗、美容、健身、保健、养老、家政等满足人们日常生活需要的服务业。第五，积极发展互联网增值服务、手机电视、网络电视、网络购物、远程医疗等新兴消费业态。

2. 大力发展生态旅游业

重庆市具有丰富的旅游资源，应充分利用这些优势，加快发展生态服务业，具体如下。

（1）统筹规划合理开发生态旅游资源。进一步挖掘和整合重庆市生态旅游资源，按生态旅游资源分布特点，以及回归自然、融入生态的要求，在创建长江三峡、山水都市等一批具有独特地域特色的生态旅游精品。[①]

（2）积极打造生态涵养旅游。重庆市要积极整合独具三峡特色的"自然景观、历史文化、高峡平湖"三大资源，联手打造"长江三峡世界级旅游品牌"。以精品景区和乡村旅游为重点，发展休闲度假养生旅游、农业生态旅游、康体健身旅游、科普文化旅游，努力建成全国知名的"生态涵养旅游区"。

（3）重点建设长江三峡生态旅游带。重庆市要积极构建以三峡库区为中心的自然生态旅游区，重点打造长江三峡生态旅游带，积极开发森林生态、休闲观光、科学考察、生态度假、探险等旅游项目，打造生态旅游品牌，使生态旅游逐步成为重庆市旅游业的重要品牌。

---

① 参见《重庆市十二五建设生态文明先行示范区研究》。

（4）大力发展民俗文化生态旅游业。渝东南生态保护区要积极打造大仙女山国家级旅游度假区，将自然风光与民俗文化相结合，积极打造民俗文化生态旅游业。渝东南各区县重点在于建设武隆仙女山、乌江三峡、酉阳桃花源、黔江濯水—蒲花河、秀山洪安边城、石柱黄水等精品景区。通过精品景区的打造，全力提升渝东南民俗生态旅游目的地的整体形象和核心竞争力。[①]

---

① 参见《重庆市人民政府公报》，2012-5-20。

第六章

长江上游生态环境文明建设的基本内容

长江上游地区的云、贵、川、渝四省（市），是我国建设长江上游生态屏障的重要区域，各省市依据自身经济社会发展现状，结合国家对长江上游地区生态保护的要求，从生态环境建设目标、功能分区、产业发展定位、生态红线、环保技术标准及环境政策等方面，结合云、贵、川、渝具体生态环境发展现状，详细阐述了生态环境建设的基本内容，如图6-1所示。

第一节　云南省生态环境文明建设的基本内容

云南省生态环境文明建设与长江上游各省市建设一样，不能搞一刀切，而应依据不同的生态功能区及其现状特点，进行有针对性的生态环境文明建设。生态功能分区是依据区域生态环境敏感性、生态服务功能重要性、生态环境特征的相似性和差异性，在地理信息系统软件支持下，以 TM 影像为背景，参考主要山脉的分界线、大流域的分水岭、河流等自然特征进行修正，而进行的地理空间分区建设。具体来看，将云南省分为一级区（生态区）5 个，其区域主要生态特征、问题及生态环境文明建设的基本内容如下。

一、季风热带北缘热带雨林生态区

该区域涵盖景洪、勐海县、瑞丽、潞西，陇川，盈江、梁河及龙陵县的南部地区，耿马、沧源、镇康县的东部地区，富宁、麻栗坡、马关、河口、金平、绿春县的南部，江城县的东部地区，总面积约 4.92 万 km^2。该区域以低山宽谷地貌为主，年降水量 1500～2000mm，植被类型为季风常绿阔叶林，地带性土壤为砖红壤。生态系统类型较多。目前该区域主要的生态环境问题：一是旅游业造成的环境污染和热带景观破坏；二是土地利用不合理带来的景观破碎化和自然资源的破坏；三是土地不合理利用带来的水土流失和土地退化；四是土地过度垦殖带来的土壤侵蚀和石漠化；五是生境破碎化和生物多样性减少。

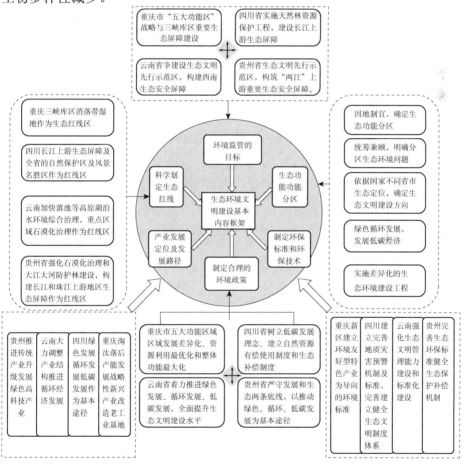

图 6-1　长江上游地区生态环境文明建设基本内容框架

　　未来该区域生态环境文明建设的基本内容如下：一是为防止水土流失和土地退化，注意保护特有的热带景观和民族文化风情，防止由旅游带来的生态环境破坏；二是限制外来物种的引种，限制经济开发活动，发展以热带景区为主的生态旅游，结合国际大通道的建设，发展边贸经济，恢复热带雨林；三是合理利用土地资源、发展以热带经济作物为主的生态农业，保护农业环境、推行清洁生产，防止水土流失和面源污染；四是加强保护区建设和管理、控制经济开发规模，保护生态系统的完整性、防止生境破坏和生境破碎化及旅游带来的环境影响；五是调整土地利用结构，加大封山育林力度，提高森林覆盖率，防止水土流失；六是保护农业生态环境，防止水土流失及旅游和边境贸易带来的环境污染，推行清洁生产，加强国际大通道的建设；七是调整农业结构，发展以热带木本经济作物为主的生态农业和生态林业，严禁陡坡耕种，预防石漠化。[①]

二、高原亚热带南部常绿阔叶林生态区————————

该区域主要包括盈江、梁河、龙陵县的北部地区，腾冲县南部，施甸、昌宁县的大部分地区，云县西部，临翔区、凤庆县南部地区，翠云区、澜沧、景谷、双江、临沧、云县、景东、镇沅等区县，个旧市、双柏、新平、元江、石屏、建水、蒙自、红河、元阳等县，总面积约 9.81 万 km²，大部分为中山峡谷地貌，年均温为 18.3℃，年降水量为 1300mm 左右。主要植被大面积为次生植被，地带性土壤主要为红壤和黄壤，还有赤红壤、黄红壤和紫色土，植被类型以季风常绿阔叶林、半湿润常绿阔叶林和中山湿性常绿阔叶林为主。

该区域存在的主要生态问题：一是土地不合理利用带来的土壤侵蚀、泥石流、滑坡等地质灾害突出；二是土地不合理利用带来的生态破坏和环境污染；三是水源涵养能力差，土壤侵蚀严重；四是土地利用和农业结构不合理带来的生态破坏；五是水电开发带来的土壤侵蚀和生态破坏；六是森林砍伐和其他人类活动造成的生境破坏；七是森林经营不善造成的森林生态系统功能降低；八是毁林开荒带来的水土流失；九是城郊农业和城镇建设带来的农田和城镇环境污染；十是矿山开采造成的水源林破坏，森林质量差、林种单一。

该区域生态环境文明建设的主要内容如下：一是山地多留水源林，巩固和

---

① 参见《云南省生态功能区划报告书》。

扩大小黑山自然保护区的建设，河谷地带调整土地利用方式；二是调整产业结构、推行清洁生产，发展绿色食品，控制农药和化肥的施用，防止耕地数量减少和质量下降，建设生态农业示范区；三是发展以水源涵养林为主的生态林业，防止水土流失；四是加强森林经营和管理，禁止乱砍滥伐，调整产业结构、发展林纸循环经济；五是调整土地利用方式，山、水、田、林、路综合治理，适度开发矿产资源，严格退耕还林。六是改善耕作方式，调整产业结构、防止城郊结合部的面源污染和消减林产品加工业对环境造成的环境影响；七是严格封山育林，在森林破严重的地段实行工程造林，加快珠江流域防护林工程建设，调整土地利用方式，防止水土流失和石漠化。[1]

三、澜沧江、把边江中游中山山原季风常绿阔叶林、暖性针叶林生态亚区

该区域涵盖楚雄市、南华县、大理市，洱源、祥云、弥渡、马龙县，嵩明、宜良、寻甸县、腾冲县，面积 48.32 万 km^2。该区域土地利用状况：以中山山原地貌为主，同时部分地区分布有高中山峡谷地貌、丘状高原地貌等形态，平均年降水量达到 1000mm 以上，土壤以红壤，石灰土，黄壤、黄棕壤和亚高山草甸土为主，地带性植被为半湿润常绿阔叶林，现存植被以云南松林为主。

该区域主要生态问题：一是土地过度利用和旅游带来的环境污染和土地退化；二是森林破坏造成的水土流失；三是资源开发对生物多样性保护的影响和威胁；四是森林覆盖率低、林种单一，森林质量差；五是不合理的土地利用带来的水土流失严重；六是农业面源污染、水资源和土地资源短缺；七是土地过度垦殖造成的土地质量和数量的下降。

该区域未来生态环境文明建设的主要内容如下：一是保护农田生态环境、控制化肥和农药的施用，发展生态旅游，维护本区的自然生态景观和地质遗产；二是改变森林结构，提高森林质量，严格控制矿产资源的开发，发展以生态公益林为主的生态林业，提高本区的水源涵养功能，预防水土流失；三是加强自然保护区管理，防止生境破坏，协调和处理好保护与开发的关系；四是封山育林，发展经济林木，推行清洁生产和循环经济，提高森林质量，加强区域

---

① 参见《云南省生态功能区划报告书》。

的水源涵养能力；五是工程治理与生物治理相结合，改造水土流失严重地区的生态环境，加大封山育林的强度，调整土地利用方式，发展多种经营；六是调整产业结构，发展循环经济，推行清洁生产，治理高原湖泊水体污染和流域区的面源污染；七是保护农田环境质量，改进耕作方式，推行清洁生产，防止农田农药化肥污染；八是加强云龙水库的生态保护和管理，加大封山育林的力度，提高森林质量，杜绝水土流失，严防水源污染；九是保护现有植被，加大封山育林的强度，营造水土保护林，严格退耕还林，提高区域的森林数量及质量；十是开展生态旅游，合理利用土地，推行清洁生产，提高森林的数量，保护岩溶地貌环境和农田生态环境，防止石漠化；十一是提高水土流失和泥石流的生物治理和工程治理，提高森林的数量和质量，防止生态灾害的进一步恶化；十二是加强自然保护区的管理，实施生态旅游，保护自然景观、防止旅游环境的污染和破坏；十三是保护山地垂直植被带，加大封山育林的强度，大力发展公益林、适当发展商品林，提高区域的水源涵养能力。

四、亚热带（东部）常绿阔叶林生态区————————

该区域包括绥江、永富、盐津、大关、永善、威信 6 县，镇雄县、彝良县北部地区，盐津县南部，镇雄县、彝良县的南部大部分地区，面积约 1.5 万 km²。

该区域以中山峡谷地貌、岩溶峰丘地貌为主，河谷年降水量为 1000mm，山地的年降水量 1500～2000mm。地带性植被为湿性常绿阔叶林，现存植被以萌生灌丛为主。土壤以黄壤和紫色土为主，土层较薄。该区域生态环境保护存在的主要问题：一是森林覆盖率极低、水土流失严重；二是森林覆盖率极低又毁林开荒、水土流失严重、贫困而导致的生态环境恶性循环；三是旅游开发带来的生态环境破坏和水土流失；四是生境破碎化带来的对生物多样性的威胁；五是土地利用不合理带来的水土流失。

针对以上问题，该区域生态环境文明建设的主要内容如下：一是保护熔岩生态系统的完整性，防止自然景观的破坏和环境污染；二是加强自然保护区的管理，保护山地垂直生态系统的完整性，防止生境破碎化，适度发展江边热作农业和生态旅游；三是调整产业结构和土地利用格局，发展以水电产业为龙头的循环经济，防止环境恶化和水土流失；四是保护山地垂直植被带，加大封山育林的强度，大力发展公益林、适当发展商品林，提高区域的水源涵养能力；五是采用工程措施与生物措施相结合的方法开展生态恢复和建设，发展生态林业循环经济，发展第二和第三产业；六是封山育林，增加森林面积，改变土地利用结构，防止石漠化，发展中药材产品的深加工；七是提高森林的数量和质量，实施以本地乡土树种为主的生物治理和工程治理，生态严重破坏地区实施生态移民，预防石漠化。

五、青藏高原东南缘寒温性针叶林、草甸生态区

该区域包括德钦、贡山、维西、香格里拉 4 县，面积 1.7 万 km²，以高山峡谷地貌为主。年降水量河谷地区 500～700mm，山顶地区 1200mm。植被以寒温性针叶林为优势植被，土壤主要为棕壤、暗棕壤、棕色针叶林土、高山草甸土和高山荒漠土。

该区域生态环境文明建设的主要内容如下：保护森林，调整产业结构，保护"三江并流"的自然景观，削减矿业开发、水电建设和旅游业带来的环境污染和景观破坏。

第二节　贵州省生态环境文明建设的基本内容

依据贵州省自然及生态现状，将贵州省生态文明建设划分为 5 个区域，分别为水源涵养与水土保持区、石漠化防治区、生物多样性保护区、工矿污染控制与生态恢复区、生态保护区等区域。

一、水源涵养与水土保持区

贵州省水源涵养及水土保护区，主要分布在贵州省的 10 多个的生态功能区，这些生态功能区多分布在河流、水库上游或分水岭地段，地貌多为山地地貌，具有山高坡陡的地形特征。主要包括玉屏生态功能区、松桃-铜仁生态功能区、印江-龙田生态功能区、天柱生态功能区、开阳-构皮滩生态功能区、施秉-镇远生态功能区、贵阳-清镇生态功能区、乌江水库生态功能区、草海生态功能

区、兴义-万峰湖生态功能区、贵阳-阿哈水库生态功能区。该区域的生态环境文明建设应从以下 2 个方面进行：一是采取保护优先的生态保护措施，确保水源地、水库河流等重要水源的生态安全；二是因地制宜开展退耕还林还草等水土流失治理工程。

二、石漠化防治区

石漠化防治区主要分布在贵州省的西部、南部和西南部，重要的有兴仁-万屯生态功能区、罗甸-板庚生态功能区、麻尾-上司生态功能区、毕节-小坝生态功能区、二塘-郎岱生态功能区、黔西-金沙生态功能区、普定-蔡观生态功能区等。

该区生态环境文明建设的基本内容如下：一是加大林草植被保护和建设力度，提高植被覆盖度，防止水土流失；二是通过发展草食畜牧业、水土资源开发、基本农田建设、农村能源建设、因地扶贫搬迁、合理开发利用资源及科技支撑体系建设，防止土地石漠化的发展，治理已经石漠化的土地。

三、生物多样性保护区

贵州是我国生物多样性较为丰富的省份，其生物多样性保护区，主要分布在贵州省的国家级自然保护区所在的生态功能区和重要湿地。具体来看有梵净山（江口-印江两县交界处）、荔波茂兰（荔波县）、雷公山（雷山县）、赤水桫椤（赤水市）、习水中亚热带常绿阔叶林（习水县）、威宁草海（威宁县）、麻阳河（沿河县）、红枫湖（清镇市）。该区的生态环境文明建设的基本内容：进一步加强对生物多样性的保护，严格控制土地的开发和建设，保护生物多样性。

四、工矿污染控制与生态恢复区

贵州省地质矿产资源丰富，煤炭等储量较大，工矿企业开发容易造成生态环境的污染，这些工矿企业虽然分布在贵州各地，但是集中且规模较大、范围较广的污染区却不多主要有中部的开阳-构皮滩生态功能区，该区域主要是以磷矿和水电开发造成的土地退化比较突出；西部的可乐-妈姑生态功能区，该区域以铅锌矿开采造成环境污染和土地退化比较严重。这两个区域的土地利用功能应定位于严格控制工矿开发生产对土地造成的污染，及时复垦新增的工矿废弃地，积极恢复退化土地的生态环境。

五、生态保护区

这类功能区主要有东北部的松桃-铜仁生态功能区（乌罗大坝）、东南部的南宫-车江生态功能区（车江大坝）、北部的板桥-旺草生态功能区（绥阳大坝）、旧州-黄平生态功能区（旧州大坝）、惠水生态功能区（涟江大坝）等。该区生态环境文明建设的基本内容如下：第一，针对各功能区土地利用存在的主要问题，强化管理，实现耕地的有效保护。加强耕地特别是基本农田保护，严格控制建设占用，以建设高标准基本农田特别是 47 块万亩大坝为目标，加大耕地整理力度，改善耕地质量，提高耕地的粮食综合生产能力。第二，贵州省的自然景观保护区主要位于东部的施秉-镇远生态功能区（舞阳河峡谷）、中部的修文-龙岗生态功能区（乌江峡谷、绥阳双河洞国家地质公园）、南部的荔波生态功能区（樟江河谷、平塘国家地质公园）、西部的黄果树-断杉木生态功能区（黄果树瀑布、断杉天生桥、关岭化石群国家地质公园、六盘水乌蒙山国家地质公园）、兴义-万峰湖生态功能区（马岭河峡谷、万峰湖、万峰林、兴义国家地质公园）等。该区生态环境文明建设的主要内容如下：应以自然景观保护为主要目标，协调土地利用与生态建设的关系，遏制土地过度开发利用，使生态环境得到良好保护，恢复和改善受到不良影响或破坏的局部生态环境。

第三节 四川省生态环境文明建设的基本内容

根据四川省自然基础条件、生态系统、资源分布、经济发展现状区域性特征，在四川省生态文明建设中分区分类推进，因地制宜，扬长避短，实现四川生态文明建设的目标。四川生态文明建设区划以《四川省生态功能区划》的 4 大生态区、13 个生态亚区及 36 个生态功能区为基础，结合《四川省国民经济和社会发展第十一个五年规划纲要》中的成都、川南、攀西、川东北、川西北 5 大经济区布局，按照四川建设生态省的要求，将全省分为 7 个建设区。生态文明建设分区与四川省"十二五"规划纲要的经济分区本质上是一致的，区别在于生态文明建设区划是在综合考虑区域生态功能特点和经济、社会、环境的有机融合及协调发展的基础上，将"十二五"规划纲要中的"成都经济区"分别划分到"成都平原区""盆地丘陵区""盆周山地区"；将"川西北生态经济区"分为"川西北江河源区"和"川西高山高原区"，这样形成了四川生态文明 7 个建设区，即成都平原区、盆地丘陵区、盆周山地区、川南山地丘陵区、攀西地区、川西高山高原区、川西北江河源区。各区依据自身优势，结合自身特点，形成独特的生态环境文明建设.

一、成都平原区

成都平原区位于四川盆地西部，面积约 1.9 万 km^2，人口约 1750 万人，涵盖成都、绵阳、德阳、眉山、乐山、雅安的平原地区。该区域是四川省经济最为发达的区域，产业齐备、物产丰富，也是我国粮食及猪肉生产的重点区域。该区主要问题：一是经济快速发展与资源总量及生态承载力之间的矛盾；二是产业升级缓慢导致的粗放型发展模式依然存在；三是城市及农村污染严重，污染物排放量大，特别是水污染物排放已超过水环境容量的 70%以上，是四川省污染较重的区域。

该区域生态环境文明建设的主要内容如下：按照"城乡一体、率先跨越"的发展思路，发展以循环经济为核心的生态经济和现代产业，以高新技术产业为主导，重点发展资源节约型和环境友好型的制造业和现代服务业，促进产业结构的优化升级。在保护生态环境的前提之下，适当兴建必要的控制性枢纽工程，增加本区的防洪和水资源的调蓄能力，大力防治工业、城市和农村污染，保护饮水安全。根据该区环境容量，在达标排放的基础上，严格实施污染物排放总量控制。产业发展过程中，应通过发展电子信息、机械、现代中医药、食品、轻纺等工业；发展精准农业、观光农业和农林畜产品深加工业等生态农业，严格控制农村面源污染和城市环境污染；限制低水平、占地多、污染大、能耗高的产业；禁止发展不符合产业政策的产业，禁止发展达不到环保要求的产业。

二、盆地丘陵区

盆地丘陵区位于四川盆地中部和东部，面积约 7.69 万 km²，人口约 4100 万人，涵盖南充、遂宁、资阳、内江、广安 5 市的全部及德阳、眉山、乐山、广元、巴中、达州等丘陵地区。该区域是我国粮、油、果、蔬、蚕茧及生猪重要产区，其产业以轻纺、化工、食品、能源、机械制造等为主。该区域主要生态环境问题：一是城市污染、农村面源污染等问题严重；二是区域环境问题，特别是水资源分布时空不平衡问题突出，导致旱涝灾害频发及人畜饮水困难；三是丘陵地区水土流失、滑坡等问题突出。

该区域生态环境文明建设的主要内容如下：一是传统产业优化升级。二是加强农田生态环境保护与建设，防治水土流失。三是发展区域资源—生态产业链，防治环境污染。四是调整和优化土地利用结构，防治农村面源污染。在水资源紧缺地区限制高耗水产业；禁止发展不符合产业政策的产业，禁止发展达不到环保要求的产业。重点发展南充、广安、遂宁、资阳、内江、巴中、自贡、阆中、华蓥等一批生态城市；发展轻纺、化工、机械制造、能源、绿色食品等产业；发展节水型和高效复合型生态农业和与之配套的加工业；发展公共交通、物流、金融保险、信息咨询和餐饮娱乐等服务业；积极发展历史文化旅游、红色旅游、自然生态旅游业；充分发挥科教文化作用，将其作为生态经济和社会发展的支撑。[1]

三、盆周山地区

盆周山地区位于四川盆地北部和西部边缘，面积约 6.53 万 km²，人口 1070 万人，主要包括阿坝、凉山、广元、巴中、乐山、宜宾等 11 个市州的盆周山地区。该区域产业结构与层次相对落后，农林牧业产值较高，现代高技术产业、战略性新兴产业等相对落后。该区域水资源蕴藏丰富，位于四川省暴雨中心分布区，区内地表水、地下水丰富，河流属嘉陵江、涪江、沱江、岷江、青衣江、大渡河水系，是四川盆地水资源的重要补给区，也是下游洪患的发源地。同时该区域森林生态系统保存较为完整，生物多样性丰富，是我国大熊猫分布最集中的区域。该区域环境生态问题主要包括：耕地资源不足，局部地区水土流失较严重，易涝易旱，是地质灾

---

① 参见《四川生态省建设规划纲要》。

害易发区。个别地方滥挖乱采矿产资源造成资源浪费和生态破坏。

该区域生态环境文明建设的主要内容如下：在优先发展特色产业基础上，大力发展生态旅游业及相关产业链，限制重化工产业和污染负荷量大的产业；禁止发展不符合产业政策的产业，禁止发展达不到环保要求的产业。同时做到：第一，建设以保护生物多样性和水源涵养为核心的防护林体系，巩固退耕还林成果。防治地质灾害。调整农业产业结构，以林为主，发展林农牧多种经营。科学合理开发自然资源，规范和严格管理水能开发和高载能产业。第二，水资源开发利用应以水资源综合开发利用为重点，统筹安排一定数量的水利建设项目，改善水利基础设施条件。第三，规范和严格管理矿产资源开发，防止矿产开发和农林业开发对生态环境和生态系统产生不利影响。

四、川南山地丘陵区

川南山地丘陵区地处四川盆地南缘，面积 2.14 万 km^2，人口 840 万人，包括宜宾市和泸州市的大部分地区。区域自然资源丰富，该区长江段是国家级珍稀濒危鱼类自然保护区（长江上游珍稀特有鱼类国家级自然保护区），还有蜀南竹海、画稿溪等国家级自然保护区。主要生态环境问题：矿产资源开发造成的生态破坏严重，水土流失严重，支流水环境污染较重，煤炭含硫量较高造成城镇大气环境污染。

该区域生态环境文明建设的主要内容如下：在提升传统产业基础上，大力发展现代服务业及现代农业，合理开发旅游资源、发展特色旅游及与之相关的产业链，限制并淘汰不符合产业政策及环保不达标的燃煤自备电厂；禁止新批含硫量 3%以上的煤矿开采；禁止发展不符合产业政策的产业，禁止发展达不到环保要求的产业。强化对合理发展矿产资源的综合利用产业，规范和严格管理矿产资源的开发，保护生物多样性，加强水土保持，综合整治矿产资源开发对生态环境的破坏，严格控制环境污染。

五、攀西地区

攀西地区位于四川西南部，面积约 6.06 万 km^2，人口 655 万人。包括攀枝花市全部辖区和凉山彝族自治州大部分地区及雅安、乐山市西南山地。该区域资源丰富，生物多样性丰富，水资源丰富，河流主要有金沙江、雅砻江、安宁河、大渡河。该区域主要环境问题：一是滑坡、崩塌、泥石流等高发；二是水土流失严重；三是区内地质构造复杂，岩层破碎，是重要地震带；四是个别地方存在无序滥挖乱采的现象，采矿废石渣随意堆放，选矿尾矿渣污染严重，浪费了资源，破坏和污染了生态环境；五是外来入侵生物紫茎泽兰蔓延较广，在局部地区已到了难以控制的局面，成为重要生态问题。

该区域生态环境文明建设的主要内容如下：一是按照"资源节约、可持续利用"的发展思路，充分利用独特的水资源、矿产资源、生物资源优势，加大资源整合力度，尽快将资源优势转化为经济优势。二是在不适宜人类生产生活的生态脆弱区和需要保护的区域实施生态移民，并采取必要的生态恢复措施。三是合理开发矿产和水能资源，大力开发太阳能资源和沼气资源。按"3R"（减量化、再利用、资源化）原则实施资源综合利用与循环利用，整治资源开发对生态环境的破坏和污染，特别是加强矿山开发的生态修复。四是保护森林植被和生物多样性，控制外来有害物种的危害。加强城市绿化，恢复与治理矿山环境，治理水土流失，防治地质灾害。同时该区域应禁止无序开发矿产、水能、生物等资源；禁止在金沙江沿岸无序开垦荒坡地；禁止发展不符合产业政策的产业，禁止发展达不到环保要求的产业。

六、川西高山高原区

川西高山高原区位于四川省西部，面积约为 16.16 万 km²，人口 140 万人。包括阿坝州、甘孜州、凉山州、雅安市高山高原地区。受山地垂直变化和水平地带的制约，高原和季风气候的相互影响，该区具有垂直分异的多种气候类型及气温低、干旱少雨、太阳辐射强烈的山地高原气候特征。区内动植物资源丰富，有大熊猫、金丝猴、梅花鹿等。

区域生态环境存在的主要问题：一是生态环境脆弱，自然植被一旦被破坏，短期内难以恢复，甚至不可逆转。二是地震及滑坡、崩塌、泥石流等地质灾害的高发易发。草原超载过牧，导致草原退化、荒漠化、鼠虫害严重，高山雪线呈升高趋势。

该区域生态环境文明建设的主要内容如下：一是结合民族地区的特点，在经济发展过程中，要特别注意保护森林、草地和湿地资源，保护生物多样性，防治地质灾害，治理退化沙化草地和鼠虫害。二是在不适宜人类生产生活的生态脆弱区和需要保护的区域实施生态移民。不宜在生态脆弱区域新建公路。三是充分发挥独特的水资源、太阳能资源、景观资源、生物资源优势，调整产业结构，合理开发自然与人文景观资源。四是水资源开发利用以解决人畜饮水困难为首要任务，满足饲草料基地的灌溉。科学规划，控制载畜量，合理发展畜牧业及相关产业链，合理开发水资源和矿产资源。①五是限制发展重化工产业；禁止侵占湿地开发草场；禁止无序开采泥炭；禁止发展不符合产业政策的产业，禁止发展达不到环保要求的产业。

七、川西北江河源区

川西北江河源区位于四川西北部，面积 8.02 万 km^2，人口 40 万人，包括甘孜藏族自治州和阿坝藏族、羌族自治州北部地区。区内水资源丰富，属于长江、黄河水系的上游源区，分布着高山草甸和高山灌丛植被、沼泽草甸和沼泽，成为本区的一大自然景观，有草地、湿地特色；生物多样性丰富，有国家一级保护动物黑颈鹤等 11 种，二级保护动物 41 种。该区域主要环境问题：一是由于地势高峻、气候寒冷，生态环境脆弱；二是牧业发展，草地退化，草原超载过牧。为扩大草场，人们开发沼泽湿地，挖沟排水，导致沼泽湿地退化，面积减小，地下水位下降，使沙化和鼠害加剧。

该区域生态环境文明建设的主要内容如下：一是结合民族地区的特点，以保护为主，维持丘状高原原始自然景观，保护沼泽湿地及生物多样性，为长江、黄河源头的水源涵养提供基础保障。保护若尔盖等高原湿地，保护黄河、长江源头水源涵养区。二是在不适宜人类居住、生产生活的生态脆弱区和需要保护的区域实施生态移民，生态移民安置选址要同时考虑生态承载力。不宜在生态脆弱区新建公路。三是水资源开发利用以解决人畜饮水困难为首要任务，满足饲草料基地的灌溉。因地制宜，科学规划，实施退牧还沼，保护湿地。控制草场载畜，治理退化、沙化草地和鼠虫害。四是禁止无序开发水资源；禁止发展严重破坏沼泽湿地及其水源涵养功能的产业；禁止

---

① 参见《四川生态省建设规划纲要》。

侵占湿地开发草场；禁止无序开采泥炭；禁止发展不符合产业政策的产业，禁止发展达不到环保要求的产业。①

第四节　重庆市生态环境文明建设的基本内容

近年来，重庆市制定了一系列环境保护、循环经济等相关制度，并采取一系列考核措施保障这些政策得到科学有效的执行，现行各项制度为重庆市生态文明建设奠定了良好的基础，重庆市的生态环境状况有所改善。参考廖英含（2013），可知 2007～2012 年重庆市生态承载力指数出现明显的波动，生态承载力不太稳健。具体表现如下：2007～2009 年，生态承载力指数一直保持下降趋势，从 2007 年的 0.192 下降到 2009 年的 0.07，2009 年以后，生态承载力指数保持上升的趋势，2012 年生态承载力指数上升到 0.258。2007～2012 年，重庆市的生态保障指数基本保持上升的趋势，从 2007 年的 0.01 上升到 2012 年的 0.09。重庆市的生态环境指数基本保持上升的趋势，从 2007 年的 0.025 上升到 2012 年的 0.281。这说明随着人们生活水平的提高，重庆市的资源优势、生态质量和生态保育均有所改进（图 6-2）。

尽管重庆市生态文明建设成效较为显著，但仍存在较多问题，如生态文明建设考核机制不完善，政绩考核仍然侧重于考核经济发展指标。资源有偿使用和生态补偿机制有待形成，绿色信贷、环境责任保险等仍处于探索和试点阶段。此外，由于重庆市五大功能区资源、环境、经济、社会文化存在较大的差异，因此重庆市需要构筑完整协调的分类管理的区域生态环境政策体系，才能促进五大功能区的协调发展。基于重庆市五大功能区现状，本书认为应从生态红线管控、新建项目环境准入、主要污染物排放总量控制、环境标准与环境技术政策、环境监管、环境经济政策等方面构建重庆五大功能区生态环境文明建设的基本内容。

---

① 参见《四川生态省建设规划纲要》。

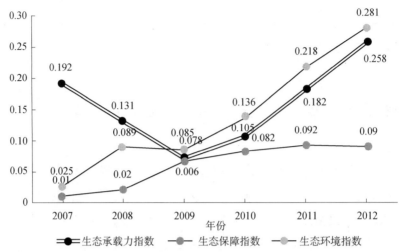

图 6-2 重庆市生态承载力指数、生态保障指数、生态环境指数（2007～2012 年）

资料来源：廖英含，2013

一、都市功能核心区

都市功能核心区要以提升环境质量和保障舒适人居环境为目标。工业项目"只出不进"，污染物排放总量"只减不增"，着力解决大气、水和噪声污染等方面的突出环境问题，打造"两江四岸"滨水景观，展现美丽山水城市风貌。都市功能核心区要继续保持"多中心组团式"空间发展模式，避免交通拥挤、环境恶化等问题。通过适当疏解人口和精细化城市管理保护"都市功能核心区"的良好的生态环境。[1]都市功能核心区生态环境文明建设的基本内容如下。

一是生态红线管控。都市功能核心区要将区域内重要生态屏障、重要生态板块及"两江四岸"消落带湿地划定为生态红线保护区域。严格控制长江、嘉陵江岸线开发强度，保护岸线生态廊道。都市功能核心区禁止新建、扩建除楼宇工业外的工业项目[2]。同时，大气环境质量改善、声环境质量达标将被纳入环境保护重点考核内容。

二是保护好城市生态环境。都市功能核心区要充分利用和保护好鹅岭、中梁山、南山等绿色生态屏障及长江、嘉陵江等水域生态廊道，打造两江四岸滨

---

① 参见《重庆市人民政府办公厅关于实施差异化环境保护政策推动五大功能区建设的意见》。

② 参见《重庆市人民政府办公厅关于实施差异化环境保护政策推动五大功能区建设的意见》。

水景观，展现美丽山水城市独特风貌①。同时继续保持"多中心组团式"空间发展模式，避免交通拥挤、环境恶化等问题。

三是新建项目环境准入。都市功能核心区要严格控制新建项目的准入，①禁止新建、扩建除楼宇工业外的工业项目。②禁止新建、扩建各类现货批发市场和一般性物流项目。③禁止新建、扩建排放重金属（指铬、镉、汞、砷、铅五类重金属，下同）、剧毒物质和持久性有机污染物的工业项目。④制定严格的产业进入壁垒。

四是主要污染物排放总量控制。都市功能核心区要以治为主，实现区域内主要污染物排放总量持续减少。全面整治累积性污染，限期淘汰污染企业，高标准建设和管理城市污水管网等环境基础设施，大幅减少城市生活污染物排放量。主要污染物排放指标只降不增，鼓励排污指标向城市发展新区流转。利用合同能源管理模式大力推进既有建筑和道路照明设施等的节能改造。②

五是环境标准与环境技术政策。都市功能核心区要建立以人群健康为导向的环境标准和污染防治技术支撑体系。严格执行国家大气污染物特别排放限值和重庆市大气污染物综合排放标准"主城区排放限值"。实施最严格的机动车排气、餐饮油烟、挥发性有机物和建筑工地扬尘及噪声等领域的污染防治技术标准，适时发布相关先进适用技术指南。城镇建成区新建建筑逐步强制执行绿色建筑标准。③

二、都市功能拓展区④

都市功能拓展区要以持续改善环境质量，保护好"四山"⑤城市生态屏障和"两江"⑥水域生态廊道为目标，加大对大气、水环境的治理力度，打造现代高品质生态宜居城。具体建设的基本内容如下。

一是生态红线管控。都市功能拓展区要保护好"四山"城市生态屏障。都市功能拓展区的环保政策以持续改善环境质量，保护好"四山"城市生态屏障

---

① 参见《重庆市人民政府办公厅关于实施差异化环境保护政策推动五大功能区建设的意见》。
② 参见《重庆市人民政府办公厅关于实施差异化环境保护政策推动五大功能区建设的意见》。
③ 参见《重庆市人民政府办公厅关于实施差异化环境保护政策推动五大功能区建设的意见》。
④ 参见《重庆市人民政府办公厅关于实施差异化环境保护政策推动五大功能区建设的意见》。
⑤ 缙云山、中梁山、铜锣山、明月山。
⑥ 长江和嘉陵江。

和"两江"水域生态廊道为目标,加大对大气、水环境的治理力度。生态红线管控目标为:将缙云山国家级自然保护区等各类自然保护区、风景名胜区核心景区、森林公园核心区、"四山"禁建区、饮用水源保护区等重要生态区域划定为生态红线保护区域。都市功能拓展区禁止新建、扩建使用煤、重油等燃料的工业项目。主要污染物排放总量指标明确为"增减挂钩",实现增产不增污。

二是新建项目环境准入。都市功能拓展区除必须单独选址的项目外,新建工业项目全部进入工业园区或工业集中区,且必须符合全市产业发展规划,工业园区和工业集中区以外的企业加快实施"入园进区",不得在原址实施单纯增加产能的技改或扩建项目。新建、改扩建项目应基本达到清洁生产国际先进水平。

三是禁止新建、扩建使用煤、重油等燃料的工业项目。都市功能拓展区要禁止建设冶炼、水泥、采石、砖瓦窑及粉磨站等大气污染严重的项目。禁止新建造纸、印染、化工等水污染严重的项目。在长江、嘉陵江沿岸地区禁止建设排放有毒有害物质及环境安全风险大的项目。禁止新建、扩建危险废物处置设施,限制新建、扩建垃圾焚烧项目。严格控制建设涉及工业用 I 类、Ⅱ类放射源和甲级非密封工作场所的核技术利用项目。在集中式饮用水源取水口上游20km 范围内的沿岸地区,禁止新建、扩建排放重金属、剧毒物质和持久性有机污染物的工业项目。

四是主要污染物排放总量控制。都市功能拓展区要通过区域内排污交易和主要污染物排放总量指标"增减挂钩",实现增产不增污。加快淘汰落后产能,积极化解过剩产能,引导污染企业逐步退出,完善城镇污水处理厂及配套管网等环境基础设施,压缩污染物排放存量,为新兴产业腾出排污总量指标。区域内所有新建工业项目的新增主要污染物排放指标主要通过区域内排污交易获得,鼓励排污指标向城市发展新区流转。利用合同能源管理模式大力推动既有建筑和道路照明设施等的节能改造。

五是环境标准与环境技术政策。都市功能拓展区建立促进产城融合、宜居宜业的环境标准和污染防治技术支撑体系。严格执行国家大气污染物特别排放限值和重庆市大气污染物综合排放标准"主城区排放限值"。机动车检测执行严格的地方限值。新建、改扩建工业项目废水排放从严执行有关污染物排放标准。制定并实施先进适用的制造业污染防治技术指南。推动城镇建成区新建建筑逐步强制执行绿色建筑标准。

三、城市发展新区[①]

城市发展新区要以实现资源优化配置和经济可持续发展为目标，"科学利用环境承载力，严格执行环保负面清单制度，加快环保基础设施建设，强化污染治理，保护长寿湖、玉滩湖等重要湿地生态系统，提高区域发展的生态环境容量，建设人与自然和谐共生的大产业集聚区和现代山水田园城市"[②]。城市发展新区生态环境文明建设的基本内容如下。

一是生态红线管控。城市发展新区要将金佛山国家级自然保护区等各类自然保护区、风景名胜区核心景区、森林公园核心区、重要水源地等重要生态区域划定为生态红线保护区域，维系功能区域的水源涵养、水土保持和生物多样性保护等生态功能，严格执行生态功能红线管制制度。

二是新建项目环境准入。一是实行工业项目进入园区或集中区制度，在符合产业规划及土地规划前提下，重点将重化工项目纳入园区管理。例如，制定长寿、涪陵等化工园区产业布局总体规划，提高入园门槛。对危化品建设项目及生产经营许可，坚持安全评价、部门联合审查、组织专家评审和现场核查相结合的方式，确保危化品企业达到安全生产条件。具体措施如下：①建立危化品专家库。②有力推进危化企业标准化建设。③督促全区危化品生产经营企业完成重大危险源的申报登记、评估分级、建档备案、预案和管理制度的制定；④建立园区安全环保集中监测监控平台，实施 110、119、120、122 联动整合救援。

三是主要污染物排放总量控制。城市发展新区区域内主要污染物排放总量指标要采取"增减不挂钩"的政策，建立与区域环境承载力相匹配的主要污染物排放指标管理体系。推进区域环境基础设施一体化建设，通过集中治理、提标改造、大力推进养殖污染治理等措施，为工业化、城镇化发展提供排污总量指标。鼓励从区域外购入排污指标。利用合同能源管理模式大力推动既有建筑

---

① 参见《重庆市人民政府办公厅关于实施差异化环境保护政策推动五大功能区建设的意见》。
② 参见《重庆市人民政府办公厅关于实施差异化环境保护政策推动五大功能区建设的意见》。

的节能改造。

四是环境标准与环境技术政策。城市发展新区要建立与区域工业化、城镇化、农业现代化相适应的环境标准和污染防治技术支撑体系。合川区、江津区、璧山区的 26 个乡镇执行重庆市大气污染物综合排放标准"影响区"对应排放限值，其他区域执行"其他区域"对应排放限值。化工园区及化工企业执行重庆市化工园区主要水污染物排放标准。制定农产品加工行业污染物排放标准与环境技术指南，支持农业现代化发展。推动城镇建成区新建建筑逐步强制执行绿色建筑标准。

四、渝东北、渝东南生态区

渝东北、渝东南生态区，涉及三峡库区、秦巴山区等区域，是国家重点生态功能区，不适宜进行大规模高强度工业化开发，渝东北、渝东南生态区要把生态文明建设放在更加突出地位，强化发展与保护并行、并重的理念，通过生物工程措施，着力做好三峡库区、武陵山区、秦巴山区重点区域的生态环境保护，努力建设长江流域重要生态屏障，并在保护环境基础上，将该区域建设成为长江上游特色经济走廊、长江三峡国际黄金旅游带和特色资源加工基地。本章认为渝东北、渝东南地区生态环境文明建设的基本内容如下。

一是强化生态红线管控。渝东北、渝东南地区是重要的生态涵养区及生物多样性保护区，需建立最严格的生态红线管控区监管制度，强化对各类开发建设活动的生态环境监管。全面推进生物多样性保护、水土流失综合治理、石漠化防治和矿山废弃地生态修复。

二是强化新建项目环境准入。渝东北、渝东南地区开发建设应遵循"面上保护、点上开发"，重点支持增强生态涵养与生态保护功能的项目。同时在符合全市产业规划及用地规划基础上，严格控制工业园区规模与门类，禁止建设可能破坏生态涵养与保护功能的项目。

三是控制主要污染物排放总量。在污染排放过程中，渝东北、渝东南地区应充分结合实际，在减少污染物存量基础上，控制污染总量，实现区域内总污染物排放量的降低，结合国家的供给侧改革，淘汰落后产能，有意识地保障新建项目对排污指标的需求。鼓励排污指标向城市发展新区流转。

　　四是积极制定环境标准与环境技术政策。渝东北、渝东南地区在积极实施重庆市有关污染物排放基础上，可以依据本区域具体环境保护目标，制定适合本区域的差异化环境标准，如制定畜禽养殖污染控制标准、特色效益农业发展的地方环境标准、畜禽养殖污染控制标准、小村镇生活污水及垃圾处理污染控制标准等。

　　五是强化重点地区环境监管。作为重要的生态涵养区，渝东北、渝东南地区更要强化对水源水质保护，生物多样性及生态修复，并强化对重点的污染物排放企业的监管，并将有关上述几方面环境保护指标量化，建立地区环境监测信息系统及应急处理机制，强化万州和黔江工业园区的监管，加强秀山县、城口县和石柱县重金属污染风险防范。加强区域遥感监测及影像解译、数据核查及分析处理能力建设，增强生态环境质量监控预警能力。加快生态观测站建设，大幅提升生态环境质量监测能力和监管能力。

第七章

长江上游地区生态社会文明建设的基本内容

  党的十八大报告指出，坚持节约资源和保护环境的基本国策，坚持节约优先、保护优先、自然恢复为主的方针，着力推进绿色发展、循环发展、低碳发展，形成节约资源和保护环境的空间格局、产业结构、生产方式、生活方式，从源头上扭转生态环境恶化趋势，为人民创造良好生产生活环境，为全球生态安全作出贡献。[①] 党的十八大报告为长江上游地区生态社会文明指明了方向，长江上游地区要坚持节约资源和保护环境的基本国策，通过调整结构、加强管理、健全机制、技术进步、宣传教育等多种手段，提高资源的利用效率，构建节约型社会，最大限度减少资源消耗量，获取尽可能大的经济和社会效益。实现社会的可持续发展。长江上游地区由于特殊的地理位置形成的区域环境，因此，长江上游地区应根据各地区的经济社会发展状况，建设生态社会文明，具体如下：第一，积极优化经济结构，协调区域发展，形成合理的社会分工，构建特色明显、优势互补的产业结构，建设节约型社会；第二，在社会发展速度和质量效益相统一基础上，建立经济发展与自然相协调，实现资源的高效循环利用，废物低碳排放，实现社区和谐、经济高效、生态良性循环的生态社区。本章主要从建设节约型社会、生态社区 2 个维度探讨了长江上游典型地区（云南省、贵州省、四川省、重庆市）生态社会文明建设的基本内容。

[①] 胡锦涛.坚定不移沿着中国特色社会主义道路前进 为全面建成小康社会而奋斗.新华网.2012-11-19.http：//www.xj.xinhuanet.com/2012-11/19/c_113722546.htm.

第一节　云南省生态社会文明建设的基本内容

云南省要坚持节约资源和保护环境的基本国策，以生态文明建设创新城市发展理念，以大力推进宜居城建设为重点，优化城市生态空间，完善配套生态基础设施，将云南省建设成为生态空间合理、基础设施完备、居住环境优美的和谐宜人幸福安康的美丽云南。云南省生态社会文明建设主要应从以下两个方面进行：建设节约型社会和建设生态社区。建设的基本内容如下。

一、建设节约型社会

云南省根据《国务院关于做好建设节约型社会近期重点工作的通知》（国发（2005）21号）、《国务院关于加快发展循环经济的若干意见》（国发（2005）22号），云南省先后印发了《云南省人民政府关于大力推进我省循环经济工作的通知》（云政发（2005）63号）、《云南省人民政府关于贯彻国务院建设节约型社会近期重点工作实施意见的通知》（云政发（2005）116号），确定了云南省建设节约型社会的基本内容，具体如下。

1. 建设节约型社会的目标和方向

云南省建设节约型社会主要围绕如下目标：第一，围绕云南省"十三五"规划中的能耗下降目标，全面展开各项节能减排工作；第二，完善和落实单位GDP能耗公报制度；第三，发挥价格政策调节电力需求的作用；第四，积极开发风能、水电、生物质能等可再生能源；第五，在农业、工业、交通运输、建筑、城市生活和商业等重点领域，加大节能减排力度；第六，把节能降耗指标完成情况作为宏观经济形势分析和监测的重要内容，并将其纳入国民经济和社会发展年度计划；第七，优化电力需求调度，将企业分为淘汰类、限制类、允许和鼓励类三类，对不同类型的企业实施差别电价政策，进一步加大用电高峰期和低谷期两个时段的分时电价政策实施力度，企业要强化负荷管理，制定科学合理的企业有序用电方案；第八，加大太阳能开发利用程度，在全省城乡大力推广使用太阳能；对于昆明等大中城市，要积极借鉴先进省市经验，通过立法，规范推广使用太阳能的相关工作，对于农村地区，则要普及农村沼气，推进农村太阳能利用示范等。

2. 建设节约型社会的基本内容

（1）推进重点行业的节材

云南省建设节约型社会要积极推进重点行业的节材，重点行业包括矿产业、林业、化工业、冶金业、电力行业、机械制造业、建筑建材业等。云南省建设重点行业节材的基本内容如下：第一，强化保护和开发矿产资源，推广先进适用的采选冶技术、工艺和设备，提高采矿回采率和选矿、冶炼回收率，提高共伴生矿的资源综合利用率；第二，加强保护与开发森林资源，在维护生态平衡前提下，努力完成全省林纸原料林基地造林任务，逐步减少一次性竹木筷的使用，大力发展林纸循环经济；第三，加大限制过度包装力度，提倡适度包装，鼓励企业和科研单位研制具有多功能、环保、可循环利用的包装材料，采用科学合理包装方式，节约包装原材料；第四，以化工、冶金、电力、机械、造纸、建筑建材等行业为重点，加大清洁生产工作力度。①

（2）努力节约和集约利用土地

云南省要加强土地保护，推进土地的集约利用，具体建设内容如下：第一，加强耕地保护，严格执行耕地管理工作，尤其是基本农田保护、农用地转用和农村宅基地管理工作，严禁土地荒芜；第二，推进集约利用土地，积极探索盈利性基础设施项目用地有偿使用办法，抓紧研究城市交通基础设施建设节约和土地集约利用的政策措施；第三，推广新型墙体材料的使用；第四，推进土地整理，有计划地促进"城中村""城中厂"改造，盘活土地存量，强化城乡规划，积极发展节能省地建筑，保证建设占用耕地与补充耕地的占补平衡；第五，完善地价管理，提高土地使用税费标准，建立土地利用效益评价体系，加大闲置土地处置力度，规范开发区管理，发挥开发区招商引资的载体作用，努力提高工业用地集约水平；第六，禁止使用实心黏土砖，加大殡葬改革力度，积极推行火葬，改革土葬，节约殡葬用地，严禁占用耕地、林地②。

---

① 参见《云南省人民政府关于大力推进我省循环经济工作的通知》，云南政报，2005 年第 9 期。.
② 参见《云南省人民政府办公厅关于印发云南省发展循环经济建设节约型社会近期重点工作任务分解的通知》，云南政报，2007 年第 6 期。

（3）大力发展循环经济

云南省建设节约型社会，必须要大力发展循环经济，建设的基本内容如下：第一，加强资源综合利用，大力发展精、深加工，提高贵金属、有色金属、磷、煤等优势矿产资源的利用率，限制初级矿产品输出，努力开发终端高附加值产品，延长产业链；第二，加快工业循环经济发展，按照云南省人民政府发展工业循环经济的指导意见，走新型工业化道路，在有色、化工、电力、钢铁、煤炭、建材、造纸、制糖、药业和橡胶等重点行业，围绕重点企业、工业园区开展工业循环经济工作；第三，做好再生资源回收利用工作，大力推进废纸、废电池、废橡胶、废塑料回收与资源化，支持废旧机电产品再制造，推进报废汽车的整体拆装，加强再生金属、废旧轮胎、废旧家电及电子产品的回收和再生利用；第四，发展生态农业示范基地，以改善农村生产生活环境、保障食品安全为重点，尽量减少农药、化肥、地膜使用量，不断提高复种指数；第五，积极探索旅游行业的循环经济发展工作，加强对自然旅游资源的保护，提高资源利用率，努力减少环境污染和生态破坏，建设符合循环经济发展要求的绿色旅游体系；第六，大力推进绿色消费，云南省要积极倡导绿色、适度消费观念，加快形成有利于节约资源和保护环境的消费方式。[①]

二、云南省生态社区建设的基本内容

1. 建设生态社区的目标

云南省围绕实现"自治好、管理好、服务好、治安好、环境好、风尚好"的"六好"目标，扎实推进和谐社区建设，全省城乡社区建设取得明显进展，今后，云南省要按照以下 6 个目标，大力推进生态社区的建设，具体目标如下：第一，完善社区自治，健全居民自治制度，保障社区居民依法享有权利、履行义务；充分发挥群众在社区建设中的主体作用，形成基层党组织领导的充满活力的群众自治机制；第二，推进社区管理，明确社区内党组织、居民自治组织、工青妇组织和民间组织职责，健全民主管理、民主协商、矛盾纠纷调处、共驻共建和社情民意反映机制；第三，强化社区服务，合理设置社区公共服务网点，完善社区服

[①] 参见《国务院关于做好建设节约型社会近期重点工作的通知》，中央政府门户网站.http：//www.gov.cn/zwgk/ 2005-09/08/content_30265.htm。

务、卫生、就业、文体和扶贫助残等设施，健全群众性自助服务和互助服务机制，完善民间组织服务功能，繁荣社区服务业，方便群众生活；第四，维护社区稳定，完善社区安全防范体系，健全群防群治网络，落实各项综合治理措施，实现社区治安状况良好、群众安居乐业；第五，美化社区环境，推广使用清洁能源和节水、节能措施、妥善处置社区内垃圾，整治人居环境，培养居民良好卫生习惯，强化环保意识，实现社区干净整洁、绿化美化、人与自然和谐相处；第六，塑造社区文明，营造浓郁的社区学习氛围，丰富文化生活，积极建设促进邻里诚信友爱、团结互助、家庭和睦幸福、培养居民知荣辱、爱家园的良好风尚、建设崇尚科学、文明、健康的新型生态社区。①

2. 积极完善生态社区公共服务体系

基于以上生态社区建设的目标，云南省生态社区公共服务体系如下：第一，健全社区就业服务体系，加强城市社区劳动保障工作机构建设，完善管理服务网络，为社区居民提供就业和再就业政策咨询、技能培训、职业介绍等服务，加强信用社区建设探索，建立创业培训与小额担保贷款联动机制；第二，健全社区社会保障服务体系，充分发挥社区劳动保障站（所）的平台作用，帮助办理城镇居民按规定应参加的各项社会保险，推进企业离退休人员社会化管理服务，全面落实城乡特困群众最低生活保障、医疗救助、教育救助等制度；第三，健全社区卫生和计划生育服务体系，建立健全以社区卫生服务中心（站）为主体的社区卫生服务网络，以妇女、儿童、老年人、慢性病人、残疾人、贫困居民为服务重点，广泛开展预防、保健、康复、计划生育技术服务；第四，健全社区流动人口管理和服务体系，按照"公平对待、合理引导、完善管理、搞好服务"和"以现居住地为主，现居住地和户籍所在地互相配合"的原则，积极做好流动人口管理服务工作；第五，健全社区公共安全服务体系，建立健全以综治工作室（站）为指导、公安机关为骨干、社区和辖区单位为依托、治保调解等自治组织和群防群治力量为基础的社区治安管理网络；第六，健全社区文化、教育、体育服务体系，加强社区图书室、文化室、"妇女之家"等设施建设，加快推进文化信息资源共享工程、农村电影放映工程、农家书屋

---

① 参见《云南省关于推进和谐社区建设的若干意见》，云南政报，2007.09.16。

工程建设，把公益性文化服务延伸到城乡社区。[①]

第二节　贵州省生态社会文明建设的基本内容

贵州省要以绿色发展、循环发展、低碳发展为生态文明建设的基本途径，把绿色循环低碳要求贯穿到生产生活各个方面，在生产、流通、消费三个环节都要加强资源节约利用，使资源利用方式发生根本性改变，以尽可能小的资源环境代价支撑全省经济社会又好又快、更好更快发展。贵州省生态社会文明建设主要应从以下两个方面进行：建设节约型社会和建设生态社区，具体如下。

一、建设节约型社会

贵州省坚持走生态立省和新型工业化道路，坚持资源开发与节约并重、把节约放在首位的方针，以资源的高效和循环利用为核心，加快结构调整，推进技术进步，加强法制建设，完善政策措施，健全节约机制，强化节约意识，逐步形成节约型的增长方式和消费模式，促进经济社会可持续发展。贵州省建设节约型社会的基本内容如下。

1. 大力推进节约能源行动

贵州省大力推进节约能源行动，具体如下：第一，实施国家确定的重点节能工程；第二，抓好重点耗能行业和企业节能；第三，推进交通运输和农业机械节能；第四，推动新建住宅和公共建筑节能；第五，引导商业和民用节能；第六，开发利用可再生能源。

2. 深入开展节约用水行动

贵州省大力推进节约用水行动，具体如下：第一，健全节水管理体制，加强水资源管理；第二，推进城市节水工作；第三，推进农业节水工作。

3. 实现利用土地的集约化

贵州省要强化节约和集约利用土地，具体如下：第一，严格实行耕地保护

---

① 参见《云南省关于推进和谐社区建设的若干意见》，云南政报，2007.09.16。

制度；第二，开展农村集体建设用地整理试点和实施"沃土工程"；第三，提高城市建设用地效率；第四，严格限制毁田烧砖，在农村要因地制宜地推广灰砂砖、混凝土砌块等，列入全国第一批限期禁止生产和使用实心黏土砖的城市主要有贵阳、六盘水、遵义和安顺等城市。①

4. 加强资源综合利用

贵州省要加强资源的综合利用，提高资源的综合利用率，具体如下：第一，推进废物综合利用，抓好大宗工业废弃物的资源化利用和重点项目建设，以煤矸石、粉煤灰、磷石膏、脱硫石膏、尾矿渣、冶炼渣、煤矿瓦斯、烟气二氧化硫等大宗工业废弃物的资源化利用和环境治理为重点，引进核心技术，组织科技攻关，促进废物综合利用产业化和相关环保产业的发展；第二，实施可资源化活性焦烟气脱硫大型化示范工程，加强推广应用，研究制定促进资源综合利用的政策措施，推进碘回收、磷石膏资源化利用等工程建设；第三，做好再生资源回收利用，以再生金属、废旧轮胎、废旧农膜、废旧家电及电子产品回收利用为重点，推进再生资源回收利用，推进建筑垃圾和生活垃圾资源化利用；第四，进一步完善再生资源、废旧物资回收体系，重点推进贵阳市社区废旧物资回收网络建设，抓好贵阳、遵义废旧物资回收市场试点，清理整顿全省废旧物资回收市场秩序；第五，开展农业废弃物资源化利用和农资节约，推广农业废弃物无害化处理、资源化利用的高效生态农业模式，推广秸秆还田、气化、固化成型、养畜等技术；第六，鼓励发展有机肥，推进秸秆养畜和过腹还田示范工程，巩固遵义市、毕节地区秸秆养畜示范区。②

5. 大力倡导和发展循环经济

贵州省要积极发展循环经济，按照"减量化、再利用、资源化"的原则，促进资源循环式利用，大力发展循环经济，具体如下：第一，抓好列入国家第一批循环经济试点的贵阳市和贵州宏福实业开发有限总公司等企业的试点工作；第二，在重点行业、领域、产业园区和城市开展循环经济试点，积极推进循环经济生态工业基地建设试点工作；第三，全面推行清洁生产，贵州省要开

---

① 参见《贵州省人民政府关于贯彻国务院做好建设节约型社会近期重点工作通知的实施意见》，贵州省人民政府公报，2006.03.15。
② 参见《贵州省人民政府关于贯彻国务院做好建设节约型社会近期重点工作通知的实施意见》，贵州省人民政府公报，2006.03.15。

展以"节能、降耗、减污、增效"为目的，实施清洁生产，发展循环经济，建设节约型和环境友好型企业的活动；第四，环保部门要抓好和落实重点排污企业公告制度和强制性清洁生产审核工作，从源头减少资源消耗和废物的产生。[①]

二、贵州省生态社区建设的基本内容

1. 建设生态社区的目标

贵州省生态社区建设的基本目标如下：第一，为社区居民提供基本公共服务和生产生活服务；第二，受政府和社会团体的委托，进行必要的社会管理和服务，寓管理于服务之中；第三，发挥社区载体作用，促进当地经济、政治、文化和社会发展；第四，推动社区服务不断完善和发展，逐步向"自我服务、自我管理、自我教育、自我监督"方向发展。

2. 贵州省生态社区建设的基本内容

贵州省生态社区建设的基本内容如下：第一，遵循以人为本的理念，制定合理的生态社区建设规划和标准，加快推进社区服务中心、健身、环保等基础设施建设，做好社区绿化、美化、净化、静化工作。第二，组织开展健康向上的群众性文化、体育、科普等活动，普及生态文化。所有新建住宅小区必须逐步建立水循环利用、垃圾分类处理、太阳能利用与节能、立体绿化、安全防卫和智能化信息服务管理系统，创造亲近自然、舒适安宁的居住环境。第三，按照生态住宅小区标准，建立社区综合服务中心。社区综合服务中心一般应设立"一站式"服务大厅、卫生室、警务室、计生服务室、图书阅览室、文体活动室、环境管理室、志愿者服务室、购物超市等服务项目。社区综合服务中心面积要满足功能要求，配备必要的办公服务设施，落实建设和维护社区综合服务设施所需的资金、人员，保障社区服务中心的正常运转；第四，社区服务设施网络。整合利用资源，采用新建、改建、共建等形式建设农资供销、产品经营，形成以综合服务中心为主体，配套各类专项服务设施的社区服务设施网络。

---

① 参见《贵州省人民政府关于贯彻国务院做好建设节约型社会近期重点工作通知的实施意见》，贵州省人民政府公报，2006.03.15。

第三节　四川省生态社会文明建设的基本内容

四川省生态社会文明建设主要应从以下两个方面进行：建设节约型社会和建设生态社区。建设的基本内容如下。

一、建设节约型社会

四川省要重点贯彻《国务院关于做好建设节约型社会近期重点工作的通知》的精神，采取的建设节约型社会措施，重点以节能、节水、节材、节地、资源综合利用等方面为突破口，建设节约型社会①。四川省建设节约型社会的基本内容如下。

1. 节能方面

四川省在节能方面重点要做好以下工作：第一，推进重点耗能行业、企业节能，突出抓好钢铁、有色、煤炭、电力、天然气、化工、建材、机械制造等重点耗能行业和年耗能 5000 吨标煤以上的企业节能工作；第二，抓好居住建筑和公共建筑节能，抓紧制定和完善四川省建筑节能的有关标准和政策法规，贯彻实施建设部《关于发展节能省地型住宅和公共建筑的指导意见》等；第三，积极引导商业和民用节能，推行空调、冰箱等产品能效标识管理，加快淘汰落后产品；第四，开发利用再生能源，充分发挥四川省水能资源丰富的优势，加快大型水电建设步伐，国家电网未覆盖地区要积极做好小水电、风力发电、太阳能供热和生物质能转换技术的示范和推广；第五，建立节能监察、服务体系，各级政府要加大节能监察力度，建立有效的激励机制，积极推行合同能源管理，为企业实施节能改造提供诊断、设计、融资、改造、运行、管理一条龙服务。

2. 节水方面

四川省在节能方面重点要做好以下工作：第一，加强节水型社会建设，贯彻落实《四川省〈中华人民共和国水法〉实施办法》，出台全省建设节水型社会的指导意见；第二，加大重点流域治理和城市供水的基础设施建设；第三，推

---

① 参见《四川：突出六个重点，加快建设节约型社会》，中国政府门户网.http：//www.gov.cn/ztzl/2005-12/29/content_141179.htm。

进农业节水，大力推进大中型灌溉区节水改造，积极推进农业供水末级渠系改造试点工作，此外，还要大力推广旱作农业，研发农业节水机械，普及农业节水技术；第四，加大四川省重点流域治理力度，加快长江上游、沱江、嘉陵江、岷江等支干流域污水和垃圾的治理；第五，大力支持和推广节水新产品的开发利用，充分利用水价机制，加快供水管网改造，最大限度降低管网漏失率，提高中水回用率；第六，积极推进建立政府调控、市场引导、公众参与的节水型城市创建管理体制，逐步关闭在城市公共供水管网覆盖范围内的自备供水设施。

3. 节材方面

四川省在节材方面重点要做好以下工作：第一，从产品设计、生产工艺流程入手，推行清洁生产和使用再生原材料，禁止过度包装，重点解决食品、酒类等过度包装和搭售问题；第二，鼓励生产高强度和耐腐蚀金属材料，提高材料的使用寿命，加快开发木材节约和替代产品；第三，大力发展竹浆纸一体化造纸工业。

4. 节地方面

四川省在节地方面重点要做好以下工作：第一，严格耕地保护，落实土地用途管制制度，按照土地利用总体规划，严格保护耕地特别是基本农田，控制非农业建设占用耕地；第二，推进集约用地，建立并完善土地利用评价体系，研究提出城镇建设和各类非农业建设项目节约、集约利用土地的政策和措施；第三，禁止毁田烧砖，按照占补平衡数量与质量并重的原则，大力推进土地整理，实施"沃土工程"和"金土地工程"；第四，分期分批限制或禁止生产、使用实心黏土砖并逐步向小城镇和农村延伸。

5. 资源综合利用方面

四川省在资源综合利用方面重点要做好以下工作：第一，推进废弃物的综合利用，以煤矿瓦斯利用为重点，推进共伴生矿产资源的综合开发利用；第二，抓好农业附产物的综合利用，充分利用四川省农业大省的优势，大力推广机械化秸秆返田、气化、发电、固化成型、轻质建材、种草养畜循环技术；支持农（林）业附产物综合利用示范工程，开展秸秆和粪便还田的农田保育示范工程；第三，以粉煤灰、煤矸石、燃煤电厂烟气脱硫、尾矿和冶金、化工废渣及有机废水综合利用为重点，推进工业废物综合利用；第四，继续加大废钢铁、废有色金属、废塑料、碎玻璃、废旧轮胎、报废汽车、废旧电子电器等为重点的回收加工再利用。

二、四川省生态社区建设的基本内容

参考周传斌等（2011）关于生态社区评价指标，本书认为四川省创建生态社区建设的基本内容如下：第一，社区环境质量达到功能区要求；第二，社区陆地植被覆盖率达 30%（自然生态社区达 70%）；第三，污染物排放达标；第四，生活垃圾及时处理、处置率达 10%；第五，无环保违法事件发生。

第四节　重庆市生态社会文明建设的基本内容

一、建设节约型社会

重庆市早在 2005 年，就作出了《重庆市人民政府关于建设节约型社会近期工作的意见》（渝府发〔2005〕71 号），提出建设节约型社会，是重庆市基本市情所决定的，认为重庆与全国多数省（自治区、直辖市）一样，资源紧张、环境承载力较弱，人均水资源、人均煤炭资源、人均水能资源、人均耕地等都不富裕，加上地处三峡库区腹心地带，生态环境保护压力相对更大，因此重庆市的急迫任务是建设节约型社会。

建设节约型社会，是重庆市实现可持续发展和构建和谐社会的要求。重庆市产业结构重型化问题突出，传统工业比重偏大，长期以来经济增长方式粗放，产业结构调整、技术升级步伐缓慢，单位产出资源消耗、污染排放、废弃物产生等都高于全国平均水平。随着资源环境压力的加大，这种粗放的增长模式已不能满足人民对提高生活环境质量的要求。重庆市要通过建设节约型社会，转变经济增长模式，促进经济、社会、人口、资源、环境协调发展。

建设节约型社会，是重庆市全面建设小康社会和加快建设长江上游经济中心的要求。在全面建设小康社会和加快建设长江上游经济中心的进程中，工业化和城镇化将加速推进，对资源和环境要求将会更高，不走节约之路，重庆市面临的形势将更为严峻。

建设节约型社会，是保持重庆市经济稳定发展的需要，并且能对全面建设小康社会和建设长江上游经济中心发挥基础性支撑作用。基于以上分析，本书认为重庆市建设节约型社会的基本内容如下。

1. 关于能源节约的相关措施

重庆市关于能源节约应该从如下几个方面着手：第一，推进交通运输节能；第二，推行建筑节能措施；第三，加强对建筑节能工作的规范和引导；第四，组织编制技术标准和节能规划；第五，引导商业和民用节能；第六，大力开发可再生能源；第七，推进农业、渔业机械节能。

2. 关于节约用水的相关措施

重庆市关于节约用水应该从如下几个方面着手：第一，秉承节约用水的生活理念，对城镇供水管网进行改造，鼓励和引导城镇居民使用再生水，促进水的循环利用和中水回用工作；第二，从源头出发，控制污染物排放总量，加强水源地的环境保护工作；第三，合理调整供水价格，理顺水价结构；第四，推进农业节约用水，加强节水技术开发。

3. 关于原材料节约的相关措施

重庆市关于原材料节约的相关措施如下：第一，有保护性地开发矿产资源，具体措施如下：①矿产资源的开发应统筹规划；②加强资源管理，建立健全资源勘查、矿权处理和矿山开发的准入制度，研究制定《加强重点矿产资源管理的意见》；第二，重点行业原材料消耗管理，具体措施如下：①加强对钢铁、有色、石化、化工、建材、纺织、轻工等重点行业的原材料消耗管理；②在资源消耗型产业项目的审批、核准过程中，严格按照国家产业政策对其资源消耗情况进行审查，指导企业按照规范设计项目尽可能优化并采取资源消耗水平较低的工艺技术；第三，节约木材，开发木材代用品，具体措施如下：①积极调整原料结构，逐步降低木材在建筑装饰材料、家具、包装材料等领域的应用比重，积极推广竹材并寻找其他代用材料；②加大对废旧木材的回收和循环利用，减少对新鲜木材的需求；第四，改进产品包装，节约包装材料，具体措施如下：引导包装行业转变观念，大力压缩无实用性材料消耗，减少因过度包装而导致的资源浪费；引导消费者转变观念，倡导简洁实用型包装，减少包装废弃物。推广易回收利用、易降解、易处置的包装。[①]

4. 关于节约和集约利用土地

重庆市关于节约和集约利用土地的相关措施如下：第一，严格耕地保护，合理利用土地，具体措施如下：①做好全市土地利用总体规划修编，严格按照规划安排用地，提高土地利用年度计划的约束力；②建立耕地保护责任考核体系，坚持"管住总量、严控增量、盘活存量、集约高效"的原则，加强建设用地管理，科学、合理利用土地；第二，对耕地实行保护性使用。具体措施如下：①加强村镇规划工作，贯彻落实集约用地原则；②实施100万亩耕地沃土工程建设，进行中低产田土改造、聚土垄作、农田固土集雨截径蓄水"三沟三池"基础设施建设，推广农田保护性耕作与秸秆还田技术；第三，在建设用地中强化节约集约标准；具体措施如下：①进一步落实《重庆市招商工作规范》提出的容积率、单位土地投资强度和产出强度等指标，开展对开发区和产业园区项目准入标准和土地使用情况的检查；②调查城镇闲置用地，加大闲置土地回收处置力度，复垦农村废弃地。利用土地置换等方式盘活分散土地。[②]

5. 关于资源综合利用的相关措施

重庆市关于资源综合利用的相关措施如下：第一，大力开展资源再生和综合利用，具体措施如下：①建立和完善再生资源回收、加工、利用体系；②积极推进废钢铁、废有色金属、废纸、废塑料、废旧轮胎、废旧家电及电子产品、废旧纺织品、废旧机电产品、包装废弃物等的回收，研究实施再生、循环和综合利用的生产工艺；第二，鼓励以废弃物为原料的生产，具体措施如下：①发展垃圾焚烧发电，推进垃圾减量化、无害化处理；②抓好煤层气和煤矸石的综合利用，积极推进冶炼钢渣、化工磷石膏、锰尾矿、铬渣等工业废物利用；第三，推进秸秆综合利用，具体措施如下：①继续提高秸秆处理利用率；②推进秸秆青贮、氨化和微贮等处理利用，发展秸秆养畜，再以牲畜粪便还田

---

① 参见《重庆市人民政府关于建设节约型社会近期工作的意见》，重庆市人民政府公报，2005年。
② 参见《重庆市人民政府关于建设节约型社会近期工作的意见》，重庆市人民政府公报，2005年。

提供有机肥，增进土壤肥力；③推广节肥、保肥技术，促进生物农药技术开发和产品应用。[①]

二、重庆市生态社区建设的基本内容

从客观环境构造来看，重庆市区被中梁山与铜锣山分成三块，主城区主要坐落在两山之间的向斜里，由于向斜里，长江、嘉陵江横穿中梁山与铜锣山其行程在两山之间的向斜里特别长，故在地质年代形成许多阶地，为现在的重庆市建设生态社区提供了客观条件。[②]重庆市城市发展过快，主城区人口比较密集，原有的城市化发展过程中，社区建设缺乏科学合理规划。重庆作为直辖市，应建设以高效、节能、环保、健康舒适、生态协调等特征为基础的生态社区。生态社区的规划内容应涵盖社区自然生态规划、经济生态规划和社会生态规划。基于重庆市绿色生态住宅小区现状，本书认为重庆市生态社区建设的基本内容如下：第一，生态社区规划和建设的具体要求（表 7-1）；第二，生态社区对交通设施的具体要求（表 7-2）；第三，生态社区对绿化环境的具体要求（表 7-3）。

表 7-1　生态社区规划和建设的具体要求

序号	具体要求
1	选址合理，无不良的环境影响，与周边关系协调，符合《城市居住区规划设计规范》GB50180、《住宅设计规范》GB50096、《住宅建筑规范》GB50368、《城市用地整向规划规范》CJJ83、《重庆市城市规划管理条例》《重庆市城市规划管理技术规定》
2	将有害辐射性物质对社区环境的污染控制在标准范围内，并不低于国标要求
3	选址、规划、设计和建设应充分考虑重庆市地理气候环境，有效地防止滑坡、山洪及江河洪水、雷击等地质和气象灾害的影响，并充分考虑到上述灾害的应对措施
4	选址应充分考虑社区空气环境，空气质量宜达到《环境空气质量标准》GB3095 中规定的二级空气质量标准
5	尊重自然地貌，充分利用地形条件和自然资源，不宜深挖高填，不应对社区及周边的生态环境造成破坏
6	应做到功能分区明确，空间布局合理，设施配套齐全
7	建筑密度高层建筑应≤20%，多层建筑应≤25%
8	有效地使用地上与地下空间，节约土地资源
9	建筑形态、体量、尺度与外部空间和周围城市肌理相协调

---

① 参见《重庆市人民政府关于建设节约型社会近期工作的意见》，重庆市人民政府公报，2005 年。
② 参见《重庆生态小区建设探讨》，http://wenku.baidu.com/view/b70cf22a4b73f242336c5f71.html。

序号	具体要求
10	尊重和发掘本地区历史文化内涵，社区建设具有本地区的地域文化特色和时代特征
11	重视对具有历史文化价值的空间环境和文物、建筑与古树、名木的保护，合理整合古树、大树与建筑物之间的关系，建设期间不得破坏非施工区域的植被

资料来源：李孟夏，2014

表7-2 生态社区建设对交通设施的要求

序号	具体要求
1	道路交通顺畅，边界、分级明确，与城市道路衔接合理，与外界联系方便，无环境污染和存在安全隐患的道路
2	社区内道路及公共室内、外空间通道设计，符合无障碍设计的规定
3	社区道路便捷、顺畅，无交通干扰，能满足消防、救护、抗灾及避灾等要求
4	机动小汽车停车位：别墅每户不少于 1 辆，普通住宅不少于 0.6 辆/$100m^2$，公共建筑不少于 0.7 辆/$100m^2$，地面停车位不多于其总量的 10%
5	交通视角良好，符合规范，标志牌位置恰当、统一，清晰且为汉英双语
6	露天停车场布局合理，与住宅保持一定的距离
7	停车设施技术先进，可在有限的面积内停放更多的车辆
8	社区和城市公共交通站点衔接关系良好，社区内提供公共交通服务
9	完善社区内的步行系统，至公共服务部分的步行距离以 500 米以内为宜

资料来源：李孟夏，2014

表7-3 生态社区建设绿化环境的要求

序号	具体要求
1	生态住宅小区绿地率不低于 35%，绿地配置合理，位置适当，布局有序，绿地内植物种植面积（含水面）不小于绿地面积的 80%
2	公共绿地布局应采用集中与分散、大小相结合的布局方式，充分体现社区居民使用公共绿地的均好性；人均公共绿地面积不小于 $2m^2$，人均绿地面积不小于 $10m^2$
3	应提供有利于邻里交往、居民休息娱乐的室外活动场地的绿色环境，同时体现地域特色和文化内涵
4	植物配置合理，乔、灌木树种按 4∶6 比例搭配，常青树与落叶树树种按 1∶1 比例进行搭配，乔木量不小于 3 株/$100m^2$ 绿地，复合层次种植群落占绿地面积不小于 20%，草坪面积占绿地面积应不大于 20%
5	根据植物的生态特征及环境效益科学地选择树种，重点栽培适合重庆地区气候与土壤的乡土植物及有益于人们身心健康的植物。植物品种不少于 70 种，禁止移植其他地区或森林中的大树、古树，破坏其他地区或森林的生态环境
6	应对建筑用地已有的古树、名木及已具有良好生态效益的植被，采取原地保护措施，无法原地保留的采用异地移栽进行保护
7	种植设计具有艺术感染力，富于季相变化
8	配置设施完善的儿童、老人等不同年龄段居民休闲、文娱、健身活动场地，设施安全，位置适当

续表

序号	具体要求
9	非机动车道路、地面停车场和其他硬质铺地宜采用透水地面，并采用大树遮荫，室外透水地面面积不小于 45%
10	坡地、堡坎、护坡应实施垂直绿化，以形成植物屏障和植被景观
11	西、南向墙面、屋顶等部位进行垂直绿化，计入绿地率的架空平台绿化覆土应不小于 1.5m
12	植物种植土符合重庆市园林土壤标准，植物无明显病虫害，注重枯枝落叶的重复利用
13	社区绿地内生物多样性较高，野生动物有一定出现频率

资料来源：李孟夏，2014

　　本章主要从建设节约型社会和建设生态社区两个方面分析了长江上游典型地区（云南、贵州、四川、重庆）生态社会文明建设的基本内容，具体概括如下：第一，从长江上游典型地区建设节约型社会情况可知这些地区建设节约型社会既是资源节约、节能和环保，也包括形成节约的消费观念和生态理念，旨在通过减少对资源的消耗，改变"三高"：高消耗、高污染、高排放，实现"三低"：低碳、低排、低耗，减少对生态环境的破坏，减少对环境的污染的同时，通过科学技术，寻找生态、循环、可再生资源是实现生态文明建设的必由之路。第二，生态社区是通过调整人居环境生态系统内生态因子和生态关系，使居住的区域成为具有自然生态和人类生态、自然环境和人工环境、物质文明和精神文明高度统一、可持续发展的理想环境。建设生态社区是推进长江上游地区生态文明建设的应有之义。建设经济高效、节能环保、生态良性循环、人与自然和谐的生态社区，有利于消解城市化生态负面效应、缓解生态压力，促进经济、社会、环境的协调发展。

第八章

长江上游地区生态文化文明建设的基本内容

文化是人类长期与自然界物质变换的相互结果。"人类创造文化，以文化的方式生存，运用文化的力量发展自己。在这里，人类在自然价值的基础上创造文化价值，自然界支持人类文化的发展。"①生态文化是人类文化在特定历史阶段呈现的文化，是对人类文化的继承和发展。生态文化，广义的理解是人类与自然界进行物质变化过程中形成的人类以文化为载体的生存方式。狭义的生态文化，余谋昌（2003）先生认为可以理解为"以生态价值观为指导的社会意识形态、人类精神和社会制度"，如生态哲学、生态伦理学、生态经济学、生态法学、生态文艺学、生态美学等"。无论是广义的生态文化，还是狭义的内涵，都反映了人类与环境直接或间接的相互影响、相互作用，也就是说生态文化是人类与自然环境相互作用的体现。本章基于生态文化的内涵，以长江上游典型地区（云南省、贵州省、四川省、重庆市）为例，阐释生态文化文明建设的基本内容。

第一节　云南省生态文化文明建设的基本内容

云南省是个拥有 26 个少数民族的多民族省份，各民族对本地区的生态保护和建设都有良好的传统和特色，为使这些优良传统得以发扬光大，并不断赋予其新的生态文化体系建设内涵，基于云南省传统文化、民族文化的独特特点，

---

① 余谋昌.生态文化：21 世纪人类新文化.新视野，2003，（04）：64-67.

本书认为云南省生态文化文明建设的基本内容如下：一是建设原始宗教中的生态文化；二是建设风俗禁忌中的生态文化；三是建设少数民族的民间文化；四是建设传统生计方式中的生态文化；五是少数民族民间规约文化，具体如图 8-1 所示。生态文化文明建设过程中，应该做到如下几点：一是建立健全国家级的生态文化建设组织机构，以推动各省市建立健全相应机构，希望做到有关生态文化建设的事有机构管、有人员做、有经费保障。二是充分利用当前已建立的中国林业文联（或更名为中国生态文联）机构，发挥其组织、指导和联络的优势，调动林业职工和社会热心生态事业的各界人士，积极、主动投入到生态文化建设和宣传中来。三是应充分利用"名人效应"宣传生态文化体系建设，如组织著名作家、记者深入林区采风采访，促使他们在名刊名台（电视、广播）发表优秀的生态文化作品；约请名人担任全国生态文化发言人；邀请文化名人担任林业院校名誉教授等，定期不定期到学校演讲或讲授生态文化建设课程。四是确定省树、省花，通过全民评选活动，大力宣传林业生态文化建设①。

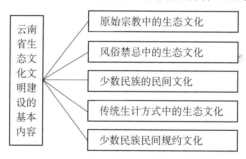

图 8-1　云南省生态文化文明建设的基本内容

第二节　贵州省生态文化文明建设的基本内容

2014 年 5 月 17 日贵州省第十二届人民代表大会常务委员会第 9 次会议通过《贵州省生态文明建设促进条例》第二十三条指出：县级以上人民政府及其有关部门应当将生态文明建设内容纳入国民教育体系和培训机构教学计划，推进生态文明宣传教育示范基地建设，教育行政部门和学校应当将生态文明教育融入

---

① 参见新华网云南频道（2008-04-22），http://www.yn.xinhuanet.com/nets/2008-04/22/content_13053008.htm。

教育教学活动，推进绿色校园建设；第二十四条指出：县级以上人民政府及其有关部门应当采取措施，弘扬生态文化，开展生态文化载体建设，保护生态文化景观，实施生态文化保护和利用示范工程，发展体现生态理念、地方特色的文化事业和文化产业；倡导文明、绿色的生活方式和消费模式，引导全社会参与生态文明建设。各级人民政府以及有关部门应当利用文化设施、传媒手段和文学艺术等形式，普及生态文明知识和行为规范；第二十五条指出：开展生态文明社区、单位、家庭以及示范教育基地等创建活动，树立绿色消费观念，分类投放生活垃圾，形成文明的生活习惯，提高全民生态文明素质，增强全民生态文明建设的责任感，促进全社会形成良好的生态文明风尚（阮晶，2008）。

贵州省蕴含丰富的生态文化，具有建设生态文明的比较优势。贵州省少数民族占全省总人口的 39%，其中世居少数民族 17 个。"各少数民族的原生态民族文化和传统生活习俗源远流长，各个民族都有与他们的生活劳动密切相关的节日，节日文化生活多姿多彩，侗族大歌、苗族飞歌、苗族反排木鼓舞等蜚声海内外。民族生态博物馆群也是一道独特风景，我国与挪威合建了六枝梭嘎等四个民族生态博物馆，展现了独特的自然环境和民族文化遗产。"（阮晶，2008）在居住传统上，贵州少数民族大多靠山或依山傍水居住，他们就地取材，搭建住房，如木质的干栏式建筑、石板房等，处处都渗透了人与自然和谐共处的理念。

多种民族构成的文化的原生性，历史文化的厚重性，红色旅游资源的显赫性以及气候优势，使资源总量、种类和品味在全国有重要位置，使贵州成为名副其实的旅游资源大省。现已探明的具有开发利用价值的旅游资源达 1000 余处，其中国家级风景名胜区 13 个；国家级自然保护区 7 个；国家级森林公园 19 个；国家地质公园 4 个；荔波喀斯特申遗成功，更增加了贵州的神奇色彩（宋洁，2014）。

基于贵州省文化发展现状，本文认为贵州省生态文化文明建设的基本内容如下：一是蕴含保存原有的生态文化，挖掘传统文化的内涵；挖掘传统生态文化思想，注重挖掘山水文化、森林文化、传统农耕文化，进一步丰富茶文化、花文化、竹文化中的生态思想内涵，挖掘、传承与弘扬少数民族优秀传统文化，充分汲取前人生态智慧；二是弘扬和发展红色生态文化，将红色生态旅游融入到生态文化建设中；三是积极挖掘多民族生态文化内涵，提升多民族生态文化的内涵；四是打造生态文化为主题的文艺精品，充分发挥文艺作品的传播效应，积极开展以宣传生态文化为主题的文学、影视、戏剧、书画、摄影、音乐、雕塑等多种艺术创作，宣传倡导树立生态文明价值观，倡导先进的生态价值观和生态审美观，唤起公众的生态意识和生态正义，使公众自觉承担生态责任和生态义务，带动全社会生态文明意识提升；五是开展生态文明社区、单位、家庭以及示范教育基地等创建活动（宋洁，2014）（图8-2）。

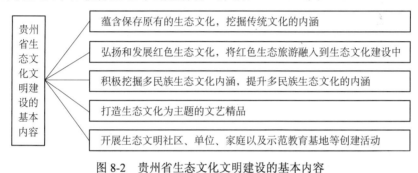

图 8-2　贵州省生态文化文明建设的基本内容

第三节　四川省生态文化文明建设的基本内容

四川省历史悠久，是我国华夏民族的起源地之一。四川省孕育着丰富多彩的生态文化，具体如下：第一，四川省具有历史悠久的巴蜀文化资源，创造了具有深厚生态文化底蕴的文化产业；第二，四川省有彝、藏、羌等多个少数民族；第三，四川省具有丰富的民俗生态文化，风格独特的川剧、川菜、川酒、皮影、木偶、杂耍等民俗生态文化享誉全国。2007 年，四川省被列为全国生态文化体系建设试点，经过这几年的发展，四川省的生态文化内涵得到了进一步拓展。基于四川省生态文化建设的特点，本节认为四川省应从以下方面建设生态文化文明：一是加大生态文明宣传，提高公众的生态意识，增强人民的生态观念，形成具有个体自觉、家庭参与、社会共谋的良好生态环境文化氛围；二是倡导节约资源、文明健康的生活方式，逐步形成崇尚自然、保护环境、循环利用、减量排放，厉行节约、反对浪费和保护自然、历史文化遗产的行为规范；三是倡导绿色文化，兴办绿色学校，开展青年环保志愿者行动和绿色家园创建活动；四是实施三项生态文化建设行动计划，即实施生态文化教育行动计划、实施生态文化工程行动计划、实施绿色消费行动计划，构筑生态四川繁荣的生态文化体系（图8-3）。①

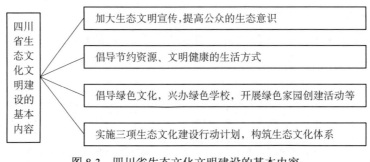

图 8-3 四川省生态文化文明建设的基本内容

第四节 重庆市生态文化文明建设的基本内容

重庆具有 3000 多年悠久的历史文化，既有集山、水、林、泉、瀑、峡、洞等为一体的壮丽自然景观，又有熔巴渝文化、民俗文化、移民文化、三峡文化、红色文化、巫文化、陪都文化、都市文化于一炉的浓郁人文景观。全市共有自然、人文景点 300 余处，其中有世界文化遗产 1 个，世界自然遗产 1 个，全国重点文物保护单位 74 个，国家重点风景名胜区 6 个。经过 3000 多年的历史文化积淀，重庆市已经形成了丰厚的生态文化底蕴。近年来，重庆市加大生态文化资源的研究、保护和开发力度，采取了一系列措施保护生态文化遗产丰富、保持较完整的区域，进而维护了重庆市的生态文化多样化。基于此，在建设生态文化文明的过程中，本书认为重庆市生态文化文明建设的基本内容如图8-4 所示。

重庆市生态文化文明建设的基本内容具体如下。

---

① 参见《四川生态省建设规划纲要》，http://www.sc.xinhuanet.com/service/zw/2006-09/29/content_8161808.htm。

（一）进一步挖掘和繁荣生态文化

1. 传承和发扬优秀的历史文化

第一，积极挖掘兼容并蓄的认知文化、天人合一的景观文化，积极开拓创新的工商文化和勤政恤民的民本文化等传统生态文化理念。

第二，以创建国家历史文化名城群为目标，保护开发巴渝历史文化资源和自然资源，培育具有重庆特色的生态文化产业。积极推进巴渝文化遗产保护带建设，保护重庆市地质遗迹、水乡古镇、森林公园等生态旅游资源，充分发挥生态人文优势。

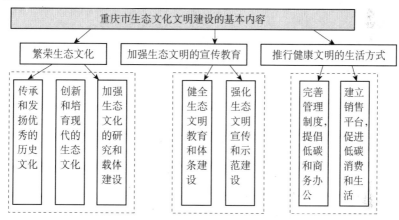

图 8-4 重庆市生态文化文明建设的基本内容

2. 创新和培育现代的生态文化

第一，汲取兼容并蓄的认知文化，立足本土文化根基，吸收外来文化精髓，重点突出重庆"山水文化、都市文化、饮食文化、巴渝文化"的独特性，加强文化艺术、动漫、影视和文化创意等各类会展和商贸活动。

第二，立足重庆特有的历史文化资源，大力开发具有重庆地区独特特色的文化产品，提升重庆都市文化的软实力。

3. 加强生态文化的研究和载体建设

第一，加强对重庆地区生态文化资源的保护力度，在保护原有生态文化遗产基础之上，建设一批生态文化保护区，维护生态文化多样化；

第二，充分发挥科技馆、图书馆、博物馆、美术馆、文化馆等在生态文化传播方面的积极作用，使其成为弘扬生态文化的重要基地。

第三，建设一批生态文化宣传教育示范基地，充分发挥其传播生态环保知识的力度。

（二）加强生态文明宣传教育，提高生态文明意识

1. 健全生态文明的教育和体系建设

第一，出台《重庆市全民环境教育实施意见》，编制乡土生态环境教材，把生态文明有关知识和课程纳入国民教育体系。重点提高广大教师的环境意识，在教师的业务培训和继续教育课程引入生态文明教育。

第二，以社区为宣传生态文明教育的重要基地，积极向居民宣传生态文明理念，传播生态消费指南，从而提升居民的生态文明意识。

2. 强化生态文明的宣传和示范建设

第一，充分利用互联网、报刊、广播等媒介，广泛开展丰富多彩的生态文明科普宣传活动。

第二，以机关、企事业单位、家庭、学校为重点，充分开展丰富多彩的生态知识竞赛活动。加快建设并形成一批以绿色学校、绿色企业、生态街道、绿色社区、生态村为主体的生态文明宣传教育基地（钱水苗和巩固，2011）。

（三）倡导与实施，推行健康文明生活方式

1. 完善管理制度，提倡低碳商务和办公

第一，充分利用网络平台，积极发展电子商务，逐步扩大应用网络购物平台，丰富网络购物模式和品种，完善网络购物信用体系，增加网上购物比例。

第二，建立以生产基地和批发市场为重点的追溯管理机制，完善从田头、加工、流通、消费的全过程监控，重点加强学校、饭店等公共场所的卫生检疫及农贸市场农产品农残的抽检，及时公布检查结果。

第三，鼓励增设绿色、有机食品营销点，促进购买和消费绿色、有机食品。加大饮食安全常识及饮食营养搭配等方面的宣传。

2. 建立销售平台，促进低碳消费和生活

提倡居民购买使用节能灯和节能家电，加快淘汰不符合节水节能标准的生活器具，提倡家庭生活节能节水，并给予适当补贴，提倡家庭垃圾分类投放，加大垃圾分类设施的投入力度，免费发放垃圾分类袋，设专人对居民垃圾分类投放进行指导和监管。

第九章

长江上游地区生态政治文明建设的基本内容

刘思华认为："生态文明制度就是解决生态问题的社会规则，如生态环境法律制度、生态环境行政制度、生态环境经济制度、生态环境教育制度等，都属于生态文明制度。"（刘思华，2002）环境保护部环境与经济政策研究中心主任夏光研究员认为，"生态文明制度是指在全社会制定或形成的一切有利于支持、推动和保障生态文明建设的各种引导性、规范性和约束性规定和准则的总和，其表现形式有正式制度（原则、法律、规章、条例等）和非正式制度（伦理、道德、习俗、惯例等）。"（夏光，2013）

生态制度的内容应该包括正式制度与非正式制度，因为单纯生态文明建设既包括法制建设，也包括德治建设。正式制度体现于法律、法规、政策等，呈现出控制性强而选择性弱的特点。非正式制度体现于道德信仰、民族习俗、社会舆论、倡议宣言等，呈现出自觉性强而强制性弱的特点。因此，应两者结合起来。当一个国家和民族地区处于生产力水平不发达状态，人们为了面包可能会以牺牲环境为代价，这时期可以用强制性的正式生态制度加强对生态环境的保护，体现控制性；反之，随着经济社会的发展和进步，基于物质生活逐步改善的基础上，人们的生态意识逐步提高，越来越多的人参与到生态保护的行列中来，改变消费理念，通过消费引导生产者生产生态环保产品，形成良性循环。但无论是强制性阶段还是自觉性阶段，都应形成市场主导、政府监督、民间参与、权益保障的制度体系。

基于以上理解，本书认为生态制度应该包括四方面的内容：一是以市场主导的交易模式的生态制度，如排污权、水权交易等制度、碳排放权等；二是以政府为主导的生态监管制度，如耕地保护制度、国土空间开发保护制度、水资

源管理制度、生态保护制度等（孟玲，2014）；三是以损害赔偿为主的生态补偿
制度，如退耕还林制度、林权补偿制度；四是以责任追究为主的生态救济性制
度，如水污染责任追究制度、大气污染责任追究制度（图 9-1）。

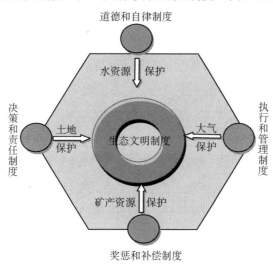

图 9-1　生态文明制度建设的内容

生态政治是生态文明建设的重要内容，由四个方面共同构成一个综合制度
体系。"生态文明制度既是约束人类行为的规则，同时也是衡量人类文明水平的
标尺。"（夏光，2013）生态文明建设是一个系统的、庞大的工程，然而长江上
游地区在这方面的研究略显不足，还处于探索性研究阶段，需要学者们用更多
的时间和精力来探索和研究，从而充分运用多方面的力量加强生态政治文明建
设的研究，只有这样，我们才能把生态政治文明建设变成一个全社会共同参与
的自觉行动。基于以上分析，同时结合长江上游典型地区（云南省、贵州省、
四川省、重庆市）生态政治文明建设的现状，本书认为长江上游地区生态政治
文明建设的基本内容如下。

第一节　云南省生态政治文明建设的基本内容

云南在加快经济发展的同时，始终重视环境保护，从单纯的治理污染到建

设绿色经济强省，树立生态立省的发展战略，采取一系列措施，逐步走出一条经济发展与环境保护相协调的道路。具体如下。

一是建立环境保护和生态保护制度体系。作为生物资源丰富多样但生态系统较为脆弱的省份，云南充分认识到环境保护对于加快经济发展的重要性和紧迫性，重点从防治污染入手，加强立法，建立法治环境，先后出台了《云南省排放污染环境物质管理条例（试行）》《云南省重大资源开发利用项目审批制度》等，制定了《中共云南省委、云南省人民政府关于加强生态文明建设的决定》《中共云南省委、云南省人民政府关于争当全国生态文明建设排头兵的决定》等，建立了"三同时"制度、环境影响评价制度、超标准排污收费制度、环境保护目标责任制制度、城市综合整治定量考核制度、污染集中控制制度、限期治理制度等，初步形成了保护生态环境的制度体系。

二是实施"七彩云南保护行动"。云南提出"生态立省，环境优先"的生态文明建设思路，全面启动实施以"七彩云南·我的家园"为主题的"七彩云南保护行动"。"七彩云南保护行动"实施以来，在全国树起了云南切实加强生态环境保护与建设的一面旗帜，保护行动也成为全省建设生态文明、实施科学发展的重要载体和平台，推动云南生态文明建设迈上新台阶（张晖，2010）。

三是始终坚持污染防治与生态保护并重。云南始终坚持污染防治与生态保护并重的战略措施，把强化环境管理、努力增加环保投入等 8 项制度作为环境保护工作的中心任务，认真落实环境保护基本国策，工作力度进一步加大，环境管理制度更加完善，管理更加科学，工业污染防治更加有力（李永勤，2015）。先后出台了《云南省矿产资源管理条例》《云南省珍贵树种保护条例》《云南省森林条例》《云南省陆生野生动物保护条例》《云南省地热水资源管理条例》《云南省风景名胜区管理条例》《云南省自然保护区管理条例》《云南省抚仙湖管理条例》等特殊区域环境保护法规。同时也出台了《云南省人民政府关于加强滇西北生物多样性保护的若干意见》，印发了《滇西北生物多样性保护联席会议工作制度》和《滇西北生物多样性保护专家咨询委员会工作制度》等。

四是加强对生态保护红线区的严格管理。云南省应划定生态保护红线，建立最严格的生态环保制度，具体如下：

第一，一级管控区。一级管控区指的是生态保护红线的核心区，该区域要禁止一切形式的开发建设活动。具体范围包括：自然保护区核心区和缓冲区，国家公园严格保护区和生态保育区，43 个重点城市主要集中饮用水水源地保护区一级保护区，牛栏江流域水源保护核心区，九大高原湖泊一级保护区，珍稀濒危、特有和极小种群等物种分布的栖息地，以及其他需要纳入一级管控区的区域。

第二，二级管控区。二级管控区以生态保护为重点，实行差别化的管控措施，严禁有损生态功能的开发建设活动。二级管控区的具体范围包括：自然保护区实验区、风景名胜区、国家公园游憩展示区、省级以上森林公园、饮用水水源保护区二级保护区、牛栏江流域水源保护区的重点污染控制区和重点水源涵养区、九大高原湖泊一级管控区外的其他生态保护红线区域，以及其他需要纳入二级管控区的区域。

基于以上分析，云南省生态制度文明建设的基本内容如下：第一，建立环境保护和生态保护制度体系；第二，实施"七彩云南保护行动"；第三，始终坚持污染防治与生态保护并重；第四，对生态保护红线区严格管理（图9-2）。

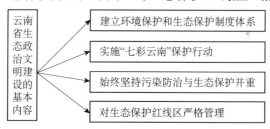

图 9-2 云南省生态政治文明建设的基本内容

第二节 贵州省生态政治文明建设的基本内容

2014 年出台了《贵州省生态文明建设促进条例》，这是我国首部省级生态文明建设条例。《贵州省生态文明建设促进条例》首次明确了贵州省的生态保护红线。其所称的生态保护红线，是指为维护国家和区域生态安全及经济社会可持续发展，保障公众健康，在自然生态功能保障、环境质量安全、自然资源利用等方面，需要实行严格保护的空间边界与管理限值。生态保护红线区域包括禁止开发区、集中连片优质耕地、公益林地、饮用水水源保护区等重点生态功能区、生态敏感区和生态脆弱区及其他具有重要生态保护价值的区域（张鹤林，2014）。除此之外，贵州省针对生态环境保护，陆续出台了许多的通知、意见和办法，如表 9-1 所示。

表 9-1 贵州省制定的部分生态环境保护政策

通知	国家发改委关于印发《贵州省水利建设生态建设石漠化治理综合规划》的通知	《贵州省人民政府关于印发节能减排综合性工作方案的通知》	贵州省人民政府关于批转《贵州省主要污染物总量减排统计监测及考核办法》的通知	贵州省人民政府关于印发《贵州省环境违法案件挂牌督办办法》的通知
意见和决定	《中共贵州省委关于贯彻落实科学发展观进一步做好新形势下人口资源环境工作的意见》	贵州省人民政府关于贯彻《国务院关于做好建设节约型社会近期重点工作的通知》的实施意见	《贵州省人民政府关于促进循环经济发展的若干意见》	《贵州省人民政府关于落实科学发展观加强环境保护的决定》
条例	《贵州省环境保护条例》	《贵州省土地整治条例》《贵州省绿化条例》《贵州省森林条例》《贵州省气象条例》	《贵州省风景名胜区条例》《贵州省森林公园管理条例》	《贵州省夜郎湖水资源环境保护条例》《贵州省红枫湖百花湖水资源环境保护条例》《贵州省赤水河流域保护条例》
办法	《贵州省生态环境损害党政领导干部问责暂行办法》	《贵州省城市绿化管理办法》《贵州省防雷减灾管理办法》《贵州省城镇垃圾管理办法》	《贵州省植物检疫办法》《贵州省陆生野生动物保护办法》	《贵州省污染物排放申报登记及污染物排放许可证管理办法》《贵州省实施〈森林和野生动物类型自然保护区管理办法〉细则》

基于以上分析，贵州省生态政治文明建设的基本内容如图 9-3 所示：第一，建立绿色政绩考核制度；第二，为公众参与生态建设搭建平台，强化公众参与监督机制；第三，建立环境信息公开制度；第四，加强对生态保护红线区的管理。

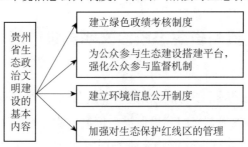

图 9-3 贵州省生态政治文明建设的基本内容

第三节 四川省生态政治文明建设的基本内容

《四川省加快推进生态文明建设实施方案》中指出：坚持用创新、协调、绿色、开放、共享的发展理念谋划和推动生态文明建设，追求更高质量、更高效益，将生态文明建设融入经济建设、政治建设、文化建设、社会建设各方面和全过程，以绿色循环低碳发展为基本途径提升发展质量和效益，以彰显巴山蜀水生态文明精髓为特色坚定走生态优先、绿色发展之路。通过近 5 年的努力，四川省科学合理的主体功能区布局基本形成，美丽四川建设取得新成效，经济发展质量和效益显著提高，生态文明主流价值观全面推行，基本形成人与自然和谐发展的新格局，为子孙后代留下绿水青山、蓝天净土。四川省先后出台相关的生态环境保护制度如表 9-2 所示。

表 9-2 四川省制定的部分生态环境保护政策

方案、意见	《四川省加快推进生态文明建设实施方案》	《四川省国民经济和社会发展第十三个五年规划纲要》	《生态文明体制改革总体方案》	《生态环境损害赔偿制度改革试点方案》	
办法	《四川省生活饮用水卫生监督管理办法》《环境保护按日连续处罚暂行办法》《四川省工业节能节水和淘汰落后产能专项资金管理办法》	《环境保护公众参与办法》、《企业环境信用评价办法》、《实施环境保护查封、扣押暂行办法》	《四川省灰霾污染防治办法》《环境保护限制生产、停产整治暂行办法》	《四川省公共机构合同能源管理暂行办法》《企业事业单位环境信息公开暂行办法》	《四川省气候资源开发利用和保护办法》《四川省〈中华人民共和国节约能源法〉实施办法》
规则	《四川省环境保护申请人民法院强制执行裁量权适用规则》	《四川省环境保护代履行裁量权适用规则》	《四川省环境保护查封、扣押裁量权适用规则》	《四川省绿色建材评价标识管理实施细则》	《节约集约利用土地规定》
条例	《四川省野生植物保护条例》	《四川省固体废物污染环境防治条例》	《四川省饮用水水源保护管理条例》		

基于以上分析，四川省生态政治文明建设的基本内容如图 9-4 所示：第一，建立领导干部任期生态文明建设责任制；第二，完善环境污染责任保险制度；第三，建立完善政府决策问责制度，推进决策科学化、民主化；第四，完善生态文明监管、评估和激励机制，建立促进区域可持续发展的差异化考核指标；第五，科学划定资源环境生态红线。

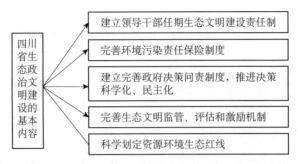

图 9-4 四川省生态政治文明建设的基本内容

第四节 重庆市生态政治文明建设的基本内容

近几年来,重庆市积极完善生态制度建设,出台了一系列地方法规、规划、实施方案和标准,如重庆市出台了如下地方法规:《重庆市环境保护条例》《重庆市环境噪声污染防治办法》《重庆市饮用水源污染防治办法》《重庆市长江三峡水库库区及流域水污染防治条例》等。出台了如下专项规划:《重庆市创建国家环境保护模范城市规划(2010—2013)》《重庆市废弃电器电子产品处理发展规划(2011—2015)》《重庆市重点生态功能区保护和建设规划(2011—2030年)》《重庆市生态建设和环境保护"十二五"规划》,等等。这些政策的制定,促进了重庆市生态文明建设的快速发展。

基于以上分析,本书认为重庆市生态政治文明应从创新绿色行政管理体制、创新建立公众参与体制、创新资源环境经济体制三个方面进行建设。重庆市生态政治文明建设的基本内容如图9-5所示。

重庆市生态政治文明建设的基本内容具体如下:

1. 建立绿色行政管理体制

重庆市要以生态文明建设为契机,构筑绿色文明的政府形象,强化政府在生态文明建设体系中的主导地位,以生态文明理念约束政府决策,制定旨在推动生态文明建设的法律规章和政策措施,为全社会生态文明建设工作作出表率。重庆市要积极创新绿色行政管理体制,具体如下:

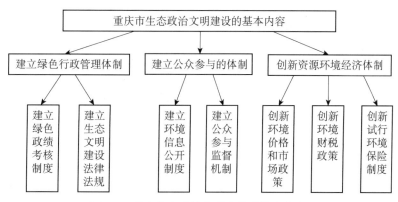

图 9-5　重庆生态政治文明建设的基本内容

第一，建立绿色政绩考核制度。健全体现科学发展观要求的干部政绩考核体系，在原有政府领导干部政绩考核指标的基础上，转变以 GDP 为核心的政绩观，增加生态文明建设考核指标。建议由重庆市市政府出台《重庆市各级人民政府主要领导生态文明实绩考核办法》，每年考核一次，考核结果作为评价政绩、评定公务员年度考核格次、实行奖惩与任用的依据之一。

第二，建立生态文明建设法律法规体系。根据国家和重庆市相关法律法规的要求，进一步完善生态文明建设的地方性法规、规章和政策。围绕水、大气、土壤等污染防治，资源有偿使用、生态补偿、生态修复、应对气候变化以及循环经济、绿色消费、节能减排、清洁生产、生态保护、城乡统筹等重点领域，制定完善地方性政策和措施，逐步建立符合时代要求、符合科学发展、符合重庆市实际的生态文明建设的制度体系。

2. 建立公众参与的体制

重庆市要积极强化引导公众参与生态文明建设，创造有利、宽松的政策环境，加强和完善公众参与的支持保障措施，发展壮大生态文明建设的社会力量，逐步建立起良性的公众参与互动机制。具体如下：

第一，建立环境信息公开制度。重庆市要积极建立环境信息公开制度，以及完善政府与民众之间的信息沟通机制，畅通信息公开的渠道，保障公众对环境信息的知情权、参与权和监督权。制定相应的激励措施，引导市民提出积极的资源节约、环境保护意见，建立公众与政府信息互动的工作机制。

第二，建全公众参与监督机制。建立环境公益诉讼制度，完善环境影响评价制度。通过听证会、论证会等形式听取公众意见，为公众参与生态建设搭建平台，强化社会评议。积极引导公众在享受资源环境权益的同时，自觉履行保护资源环境的法定义务。着力营造良好的法律制度环境，形成政府管制、市场调节和社会监督相结合的资源环境保护综合机制（田文富，2014）。

3. 创新资源环境经济体制

重庆市要逐步运用价费、财政、信贷、保险等经济手段，促进资源节约利用，加大环境保护力度，降低环境保护成本，加快形成资源要素科学配置的体制机制，逐步建立运转高效的资源环境制度体系。具体如下：创新环境价格和市场政策、创新环境财税政策，以及创新试行环境保险制度（田文富，2014）。

参 考 文 献

白志礼.2009.流域经济与长江上游经济区空间范围界定探讨.重庆工商大学学报（西部论坛），
　　19（5）：9-18，108.

白志礼，朱莉芬，谭灵芝，等. 2013. 长江上游地区自然资源与主体功能区划分.北京：科学出
　　版社.

包双叶.2012.当前中国社会转型条件下的生态文明研究.上海：华东师范大学博士学位论文.

鲍云樵.2008.我国能源和节能形势及对策措施.西南石油大学学报，（1）：1-4.

长江水利委员会水文局. 2003. 长江志·卷1（流域综述）. 北京：中国大百科全书出版社.

陈翠芳.2014.生态文明视野下科技生态化研究.北京：中国社会科学出版社.

陈毓川.2006.矿产资源展望与西部大开发.地球科学与环境学报，28（1）：1-4.

邓玲.2011.长江上游经济带.北京：中央广播电视大学出版社.

刁尚东.2013.我国特大城市生态文明评价指标体系研究.武汉：中国地质大学博士学位论文.

丁登山，汪安祥，等.1998.自然地理学基础.北京：高等教育出版社.

董耀华，汪秀丽.2013.长江流域水系划分与河流分级初步研究.长江科学院院报，30（10）：1-5.

杜明娥，杨英姿.2013.生态文明与生态现代化建设模式研究.北京：人民出版社.

多布森 A.2005.绿色政治思想. 郇庆治译.济南：山东大学出版社.

樊阳程，邬亮，陈佳，等.2016.生态文明建设国际案例集.北京：中国林业出版社.

傅伯杰，刘国华，陈利顶，等.2001.中国生态区划方案.生态学报，21（1）：1-6.

高江波，黄姣，李双成，等.2010.中国自然地理区划研究的新进展与发展趋势.地理科学进
　　展，29（11）：1400-1407.

谷树忠，等.2013.生态文明建设科学内涵与基本路径.资源科学，35（1）：2-13.

郭兆晖.2014.生态文明体制改革初论.北京：新华出版社.

国家发展和改革委员会. 2013-01-30.云南省加快建设面向西南开发重要桥头堡总体规划

（2012—2020年）.云南日报，第11版.

何洛.2014.大力推进高原特色生态农业建设.中国财政，（10）：61-62

何天祥，廖杰，魏晓.2011.城市生态文明综合评价指标体系的构建.经济地理，31（11）：1897-1900.

胡长清.2008.生态文明的建设目标和政策措施.湖南林业科技，35（1）：1-3.

胡江霞.2015.三峡库区产业发展空间分布特征研究.唐山学院学报，（6）：68-71

胡兆量，阿尔斯朗，琼达，等.2009.中国文化地理概述（第3版）.北京：北京大学出版社.

黄秉维.1959.中国综合自然区划草案.科学通报，（18）：594-602.

黄勤，刘波.2009.四川产业结构变迁及其生态环境效应研究.西南民族大学学报（人文社科版），（06）：183-187.

姬振海.2007.生态文明论.北京：人民出版社.

兰育莺.2008.建设生态文明，实现人与自然和谐发展.福建理论与学习，（4）：22-25.

李龙强.2015.生态文明建设的理论与实践创新研究.北京：中国社会科学出版社.

李孟夏.2014.重庆市生态住区评估体系优化研究.重庆：重庆大学硕士学位论文.

李文东.2009.基于生态视角的四川省产业结构优化研究.西南民族大学学报（人文社科版），5：177-180.

李小建.2006.经济地理学.北京：高等教育出版社.

李永勤.2015.云南争当全国生态文明建设排头兵.http：//yn.wenweipo.com/fazhanyn/ShowArticle.asp？ArticleID=76409［2015-01-27］.

廖英含.2013.重庆市生态文明评价指标体系初探.重庆统计，（11）：24-28.

刘国华，傅伯杰.1998.生态区划的原则及其特征.环境科学进展，6（6）：68-73.

刘红艳，徐亚辉.2012.天津市农村生物质能利用现状及发展趋势分析.节能，（1）：9-11.

刘静.2011.中国特色社会主义生态文明建设研究.北京：中共中央党校博士学位论文.

刘明光.2010.中国自然地理图集.北京：中国地图出版社.

刘思华.2002.经济可持续发展的制度创新.北京：中国环境科学出版社.

刘玉，冯健.2008.中国经济地理——变化中的区域格局.北京：首都经济贸易大学出版社.

刘宗碧.2010.必须妥善处理生态目标与生计需要之间的关系.生态经济，（5）：174-178.

卢艳玲.2013.生态文明建构的当代视野.北京：中共中央党校博士学位论文.

路紫.2010.中国经济地理.北京：高等教育出版社.

罗开富.1954.中国自然地理分区草案.地理学报,20(4):379-394.

罗石香.2015-09-28.多彩贵州生态美 绿色农业展翅飞.贵州日报,第008版.

马传栋.1991.论生态工业.经济研究,(3):70-74.

马传栋.2007.工业生态经济学与循环经济.北京:中国社会科学出版社.

马凯.2013.坚定不移推动生态文明建设.求是,(9):3-9.

孟玲.2014.我国生态文明制度建设研究.沈阳:辽宁大学硕士学位论文.

欧阳志云.2007.中国生态功能区划.中国勘察设计,(3):70.

潘永军.2013.基于生态GDP核算的生态文明评价体系构建.北京:中国林业科学研究院博士学
位论文.

佩珀 D.2005.生态社会主义:从深生态学到社会正义.刘颖译.济南:山东大学出版社.

钱水苗,巩固.2011.面向生态文明的环境法治建设路径探析.环境污染与防治,33(6):90-96.

冉瑞平.2003.长江上游地区环境与经济协调发展研究.重庆:西南农业大学博士学位论文.

冉瑞平.2006.长江上游地区环境与经济协调发展研究.北京:中国农业出版社

任慧军.2008.大力推行基于生态文明的生态消费.区域经济评论,(4):44-45.

任美锷.1992.中国自然地理纲要(第3版).北京:商务印书馆.

阮建雯,蔡宗寿,张霞.2008.云南省农业废弃物资源化利用状况及对策.中国沼气,26(2):
48-51.

阮晶.2008.加快贵州生态文明建设的几点思考// 贵州省科学技术协会,贵州省林业厅.贵州省
生态文明建设学术研讨会论文集.

桑杰.2007.中国共产党关于生态文明建设的理论与实践.林业经济,(11):6-10.

石磊.2014.区域生态文明建设的理论与实践——宁波北仑案例.杭州:浙江大学出版社.

宋洁.2014-06-16.培育生态文化营造生态文明建设良好社会氛围.贵州日报,第004版.

宋旭光.2004.资源约束与中国经济发展.财经问题研究,252(11):15-20.

孙才志,刘玉玉.2009.地下水生态系统健康评价指标体系的构建.生态学报,29(10):5666-5674.

陶良虎,刘光远,肖卫康.2014.美丽中国:生态文明建设的理论与实践.北京:人民出版社.

田代贵.2006.长江上游经济带协调发展研究.重庆:重庆出版社.

田文富.2014.论社会主义生态文明制度体系建设.区域经济评论,(5):109-112.

王恩涌.2000.人文地理学.北京:高等教育出版社.

王恩涌.2008.中国文化地理.北京:科学出版社.

王贵明，匡耀求.2008.基于资源承载力的主体功能区与产业生态经济.改革与战略，（4）：109-111.

王会昌.2010.中国文化地理.武汉：华中师范大学出版社.

王璐瑶. 2014-06-13.调整优化产业结构实现发展和资源节约、生态环境保护多赢.贵州日报，第 003 版.

王舒.2014.生态文明建设概论.北京：清华大学出版社.

王小玲. 2011-04-20.补助资金与园区建设挂钩.中国环境报，第 005 版.

王晓琴. 2012.云南省服务业发展与全国比较研究.当代经济，（10）：84-85

王雨辰.2012.当代生态文明理论的三个争论及其价值.国外马克思主义，（3）：24-30.

魏晓双.2013.中国省域生态文明建设评价研究.北京：北京林业大学博士学位论文.

文传浩，程莉，马文斌. 2013.流域生态产业初探.北京：科学出版社.

文传浩，马文斌，左金隆. 2013.西部民族地区生态文明建设模式研究.北京：科学出版社.

文传浩，铁燕.2009-12-11.生态文明建设亟须建立一套统一规范的指标体系.光明日报，第 11 版.

吴瑾菁，祝黄河.2013.五位一体视域下的生态文明建设.马克思主义与现实，（1）：157-162.

吴远征，张智光.2012.基于目标-手段链的生态文明建设绩效的提升对策研究.环境科学与管理，37（8）：189-194.

伍光和，等.2000.自然地理学.北京：高等教育出版社.

伍瑛.2000.生态文明的内涵与特征.生态经济，（2）：38-40.

夏光. 2013-11-14.建立系统完整的生态文明制度体系.中国环境报，第 002 版.

徐新良，庄大方，贾绍凤，等.2004. GIS 环境下基于 DEM 的中国流域自动提取方法.长江流域资源与环境，13（4）：343-348.

严耕.2015.中国生态文明建设发展报告 2014.北京：北京大学出版社.

杨春和，白晓龙，沃飞.2008.农业废弃物污染与防治对策. 农业环境与发展，25（5）：115-117.

杨秋兰.2012.论贵州省农民专业合作社的联合发展.毕节学院学报，30（11）：103-106.

余谋昌. 2003.生态文化：21 世纪人类新文化.新视野，（4）：64-67.

俞文. 2013.重庆市五大功能区概况.新重庆，（10）：23-24.

袁本朴.2001.长江上游民族地区生态经济研究.成都：四川人民出版社.

詹卫华，邵志忠，汪升华.2013.生态文明视角下的水生态文明建设.中国水利，（4）：7-9.

张国平，赵琳娜，许凤雯，等.2010.基于流域结构分析的中国流域划分方案.北京师范大学学报（自然科学版），46（3）：417-423.

张鹤林.2014-07-08.《贵州省生态文明促进条例》正式实施.中国国土资源报，第001版.

张虹，徐厚义.2010.贵州产业结构低度化实证分析.贵州社会科学，（4）：92-96

张晖.2010-02-12.云南的生态文明建设.云南日报，第11版.

张可云.2014.生态文明的区域经济协调发展战略.北京：北京大学出版社.

张平军.2013 生态农业发展将是我国农业可持续发展的一个战略选择.甘肃农业，（18）：5-6.

张首先.2010.生态文明研究.成都：西南交通大学博士学位论文.

张孝德.2007.建立与主体功能区相适应的区域开发模式.国家行政学院学报，（6）：34-37.

赵济.1995.中国自然地理（第3版）.北京：高等教育出版社.

赵克志.2015-03-14.遵循山地经济规律，发展现代高效农业.农民日报，第006版.

赵荣，刘军民.2001.文化的地理分布.北京：人民教育出版社.

赵松乔.1983.中国综合自然地理区划的一个新方案.地理学报，38（1）：1-10.

郑度，欧阳，周成虎.2008.对自然地理区划方法的认识与思考.地理学报，63（6）：563-573.

周传斌，戴欣，王如松.2011.生态社区评价指标体系研究进展.生态学报，31（16）：4750-4758.

朱国芬.2006.建构有中国特色的生态教育体系.环境教育，（10）：26-29.

朱邪.2014-06-12.构建科学的空间开发格局.贵州日报，第003版.

附录

附录一　生态文明建设评价指标的解释

1. 生态经济建设指标解释

（1）单位 GDP 能耗

指标解释：万元国内生产总值（GDP）的耗能量。

计算公式：

$$单位GDP能耗 = \frac{总能耗(吨标煤)}{GDP(万元)}$$

（2）单位 GDP 碳排放强度

指标解释：碳排放量是指由煤炭、石油、天然气等一次能源的直接消耗过程所产生的 CO_2 的排放量，与能源挂钩的最终折算成碳的总当量，与国内生产总值的比值。

计算公式：

$$单位GDP碳排放强度 = \frac{总碳排放量}{GDP}$$

（3）"无公害、绿色食品、有机农产品和农产品地理标志"农产品的增长率

计算公式：

$$绿色农产品的增长率 = \frac{绿色农产品总数较上年的增加值}{上一年绿色农产品总数} \times 100\%$$

（4）城市污水处理率

计算公式：

$$城市污水处理率=\frac{城市污水处理量}{城市污水排放总量}×100\%$$

（5）工业固体废弃物综合利用率

指标解释：指每年综合利用工业固体废弃物的总量与当年工业固体废弃物产生量和综合利用往年贮存量总和的百分比。

计算公式：

$$工业固体废弃物综合利用率=\frac{工业固体废弃物综合利用量}{工业固体废弃物产生量+综合利用往年贮存量}×100\%$$

（6）第三产业增加值占 GDP 的比重

指标解释：第三产业增加值占 GDP 的比重是指一个国家或地区在一定时期内第三产业新创造的价值（以货币形式表现的生产活动成果扣除了在生产过程中消耗或转换的物质产品和劳务价值后的余额）占地区生产总值的比重。

计算公式：

$$第三产业增加值占GDP的比重=\frac{第三产业新创造的价值量}{GDP}×100\%$$

（7）高技术产业增加值占 GDP 的比重

计算公式：

$$高技术产业增加值占GDP的比重=\frac{高技术产业增加值}{地区GDP总量}×100\%$$

指标解释：高技术产业增加值占 GDP 的比重是指一个国家或地区在一定时期内高技术产业新创造的价值占国内生产总值的比重。

（8）研究与试验发展经费支出比例

指标解释：指研究与试验发展（R&D）经费支出占地区生产总值（GDP）的比率。研究与试验发展（R&D）是指在科学技术领域，为增加知识总量，以及运用这些知识去创造新的应用进行的系统的创造性的活动，包括基础研究、应用研究和试验发展三类活动。

计算公式：

$$研究与试验发展经费支出比例=\frac{研究与试验发展经费支出}{GDP}\times100\%$$

2. 生态政治建设指标解释

（1）规划环评执行率

指标解释：该指标表征规划环评的执行力度。开展环评的规划占规划总数的比例。

（2）生态环保工作占党政实绩考核的比例

指标解释：指地方政府实绩考核评分标准中，生态环保工作所占的比例。

（3）环境信访满意率

指标解释：群众对环保部门解决环保投诉案件的满意程度。

（4）党政干部参加生态文明培训比例

指标解释：指参加生态文明专题培训的党政干部人数与干部总人数的比重。

3. 生态社会建设指标解释

（1）人均公园绿地面积

指标解释：城区内平均每人拥有的公园绿地面积。

计算公式：

$$人均公园绿地面积=\frac{公园绿地面积}{人口总数}$$

（2）生态文明建设公众满意度

指标解释：指公众对生态文明建设的满意程度。

数据来源：统计、环保等部门，或者由专业机构调研获得。

（3）建成区绿化覆盖率

计算公式：

$$绿化覆盖率=\frac{建成区绿化覆盖面积}{建成区面积}\times100\%$$

4. 生态环境建设指标解释

（1）森林覆盖率

指标解释：森林覆盖率以一个国家或地区的森林面积占土地总面积的百分

比表示。它是反映一个国家或一个地区森林资源状况的指标之一。

计算公式：

$$森林覆盖率 = \frac{森林面积}{土地总面积} \times 100\%$$

（2）主要污染物排放强度

指标解释：单位 GDP（万元）的主要污染物排放量（kg）。

计算公式：

$$主要污染物排放强度 = \frac{主要污染物排放量}{生产总值}$$

（主要污染物包括：SO_2、COD、氨氮、氮氧化物）

（3）城乡饮用水水源地水质达标率

指标解释：指城乡集中饮用水水源地，其地表水水源水质达到《地表水环境质量标准 GB3838-2002》Ⅲ类标准和地下水水源水质达到《地下水质量标准 GB/T14848-1993》Ⅲ类标准的水量占取水总量的百分比。

计算公式：

$$城乡饮用水水源地水质达标率 = \frac{城乡各饮用水水源地取水水质达标量之和}{各饮用水水源地取水量之和} \times 100\%$$

（4）城市生活污水集中处理率

指标解释：城市生活污水集中处理率是指城市市辖区经过城市集中式污水处理厂二级处理达标的城市生活污水量与城市生活污水排放总量的百分比。

计算公式：

$$城市生活污水集中处理率 = \frac{城市生活污水处理总量}{城市生活污水排放总量} \times 100\%$$

（5）城市生活垃圾无害化处置率

指标解释：就是指无害化处理的垃圾量占总处理垃圾量的比率，可以是体积比、质量比。

（6）区域环境噪声平均等效声级

指标解释：指城市区域内工业噪声、交通噪声、施工噪声、社会生活噪声等的平均等效声级。

5. 生态文化建设指标解释

（1）生态文明知识普及率

指标解释：群众对能源资源节约、生态环境保护、生态伦理道德、生态文化等生态文明知识的掌握程度。通过问卷调查获取的指标值，以知晓人员数量占抽查人数的比例表示。

（2）国家级生态区（县、市）比例

指标解释：获得国家级生态区（县、市）称号的区（县、市）总数与区（县、市）的比值。

（3）市级以上"绿色社区"比例

指标解释：获得杭州市级以上"绿色社区"称号的社区数占所有社区数的比例。

计算公式：

$$绿色社区比例 = \frac{绿色社区数}{社区总数} \times 100\%$$

（4）区（县、市）级生态村比例

指标解释：获得区（县、市）级以上生态村数占所有行政村的比例。

（5）生态文明宣传普及率

指标解释：辖区内长期开展生态文明宣传（包括公益宣传、科普教育、知识讲座）的行政单元（社区、行政村）占辖区内行政单元总数的比例。

附录二　国家级生态市（区、县）、第一批生态文明先行示范区、国家级生态工业示范园区、已命名的生态村

1. 国家级生态市（区、县）名单

附表 2.1　国家级生态市（区、县）名单

地区	生态市（区、县）	总数
全国		54
东部		45
北京市	密云县、延庆县	2

地区	生态市（区、县）	总数
天津市	西青区	1
上海市	闵行区	1
江苏省	高邮市、张家港市、常熟市、昆山市、江阴市、太仓市、宜兴市、无锡市、滨湖区、锡山区、惠山区、吴江区、苏州市、吴中区、相城区、南京市、江宁区、高淳县、金坛市、常州市、武进区、海安县、扬中市、丹阳市、句容市、丹徒区、镇江市、宝应县	28
浙江省	天台县、安吉县、义乌市、临安市、桐庐县、磐安县、开化县	7
广东省	深圳市、中山市	5
山东省	荣成市	1
中部		1
安徽省	霍山县	1
西部		5
四川省	双流县、成都市、温江区	3
陕西省	西安市、浐灞生态区	2
东北		3
辽宁省	沈阳市、东陵区、沈北新区	3

2. 第一批生态文明先行示范区名单

附表 2.2　第一批生态文明先行示范区名单

地区	生态文明先行示范区	总数
全国		55
东部		17
北京市	密云县、延庆县	2
天津市	武清区	1
河北省	承德市、张家口市	2
上海市	闵行区、崇明县	2
江苏省	镇江市、淮河流域重点区域	2
浙江省	杭州市、丽水市	2
广东省	梅州市、韶关市	2
山东省	临沂市	2
海南省	万宁市、琼海市	2
中部		11
山西省	芮城县、娄烦县	2
安徽省	巢湖流域、黄山市	2

地区		生态文明先行示范区	总数
江西省		江西省	1
河南省		郑州市、南阳市	2
湖北省		十堰市、宜昌市	2
湖南省		湘江源头区域、武陵山片区	2
西部			21
	内蒙区	鄂尔多斯市、巴彦淖尔市	2
	广西区	玉林市、富川瑶族自治县	2
	四川省	成都市、雅安市	2
	贵州省	贵州省	1
	云南省	云南省	1
	宁夏区	永宁县、吴忠市利通区	2
	新疆区	昌吉州玛纳斯县、伊犁州特克斯县	2
	重庆市	渝东南武陵山区、渝东北三峡库区	2
	陕西省	西咸新区、延安市	2
	甘肃省	甘南藏族自治州、定西市	2
	西藏	山南地区、林芝地区	2
	青海省	青海省	1
东北			6
	辽宁省	辽河流域、抚顺大伙房水源保护区	2
	吉林省	延边朝鲜族自治州、四平市	2
	黑龙江省	伊春市、五常市	2

3. 国家级生态工业示范园区分布表

附表2.3　国家级生态工业示范园区分布表

	批准命名	批准建设	总数
全国	26	59	85
东部	25	32	57
北京市	1		1
天津市	2	1	3
上海市	6	2	8
江苏省	9	13	22
浙江省	1	5	6
广东省	1	4	5
山东省	5	6	11
福建省		1	1

续表

	批准命名	批准建设	总数
中部	0	13	13
山西省		2	2
安徽省		2	2
江西省		3	3
河南省		2	2
湖北省		1	1
湖南省		3	3
西部	0	9	9
内蒙古		2	2
贵州省		3	3
云南省		1	1
新疆		1	1
重庆市		1	1
陕西省		1	1
东北	1	5	6
辽宁省	1	3	4
吉林省		2	2

4. 已命名的生态村

附表 2.4　国家级生态村分布表

	第一批	第二批	总数
全国	24	83	107
东部	10	33	43
北京市		2	2
河北省		5	5
上海市	2		2
江苏省	2	11	13
浙江省	2	7	9
广东省	2		2
山东省	1	5	6

续表

	第一批	第二批	总数
福建省		3	3
海南省	1		1
中部	5	28	33
山西省	1	2	3
安徽省	1	4	5
江西省	1	8	9
河南省	1	6	7
湖北省	1		1
湖南省		8	8
西部	7	18	25
广西	1		1
四川省	2	5	7
云南省	1		1
宁夏	1	3	4
新疆	1	2	3
陕西省		3	3
甘肃省	1	5	6
东北	2	4	6
辽宁省	1		1
吉林省	1	2	3
黑龙江省		2	2

附录三 生态文明建设的发展历程梳理

1. 国外典型国家的生态文明建设的内容

附表 3.1 国外典型国家的生态文明建设一览表

国别	主要成绩	借鉴经验
德国	2003 年家庭废弃物处理平均为 50%；包装和玻璃行业再利用率达 80%；冶金行业产生的 95%矿渣、70%以上的粉尘和矿泥重新利用；造纸工业 65%废纸循环利用。垃圾再利用行业每年创造 410 亿欧元的价值	完善法律法规体系：1972 年《废弃物处理法》、1996 年《循环经济与废弃物管理法》、1999 年《包装废弃物管理条例》保障产品生产、流通、消费等环节对资源的循环利用。 经济措施刺激：通过"引入内部市场"、建立复兴开发银行、差别税率等刺激。 监督机制：成立专门监督企业发展循环经济的机构。 发挥社会中介组织作用：1995 年成立"包装物双元回收体系"（DSD）。 公众参与：发挥舆论传媒、提高大众绿色消费，以消促产
日本	由过去的公害大国发展为目前的环保先进大国；2010 年，资源生产率达到 390 万日元/吨，循环利用率达 40%，最终处理率减少 50%	法律先行：1993 年《环境基本法》、2000 年以后《促进形成循环型社会基本法》、《固体废弃物管理法》、《资源有效利用促进法》、《包装容器再生利用法》、《家电再生利用法》、《建筑材料再生利用法》、《食品再生利用法》、《汽车再生利用法》、《绿色采购法》法律体系。 政策扶持：政府奖励政策；税收优惠；价格优惠；提高环境部门规格和权力等强化行政管理职能。 公众参与：明确政府和公众的范围，加强公众参与。 促进科技进步，发展"静脉"企业：日本经贸工业省（部）引入一套辅助措施体系，目前已构建资源开发、生产、中间产品制造、加工生产、流通消费等全过程的技术体系
美国	全国 5.6 万个企业参与循环经济活动，年均销售额 4360 亿美元	充分发挥市场机制的作用：20 世纪 70 年代起制定一系列措施加强市场机制促进循环经济发展。 政府垂范：美国联邦机构使用再生能源比例达 10%，2003 年拨款 3 亿美元实施太阳能工程。 明确企业责任：通过法律和公众参与实现。 提高国民意识：每年 11 月 15 日定为"美国回收利用日"；311 热线；学校和社会教育；旧货市场开发等。 完善法律体系：完善的市场机制；政府引导；技术支持等

续表

国别	主要成绩	借鉴经验
瑞典	2008 年，《新闻周刊》全球最环保国家排行榜中，瑞典排名第二	完善环境质量目标体系：1999 年国家环境目标体系《瑞典环境质量目标——可持续瑞典的环境政策》。 "分工明确，通力合作"的管理模式：所有的瑞典政府部门都参与了促进可持续发展的一系列工作，其中包括能源署、化学品管理局、辐射安全局、林业局、农业委员会、国家卫生与福利委员会，以及国家住房、建筑与规划委员会等。正是由于这种协同推进可持续发展的决心和热情，瑞典逐步形成了由环境保护署总体负责、各部门积极推进和环境目标委员会评估监督的管理模式和良好局面。 建立健全环保法律体系：20 世纪 50 年代以前的《水法》，1998 年《瑞典环境法典》。 全民参与：瑞典政府通过打出"组合拳"对污染收费，全民监督；再生能源开发；能源替代等

2. 我国生态文明建设的发展历程

附表 3.2 1972 年到改革开放中国生态文明建设一览表

时间	重要事件	意义
1972-6-5	联合国在瑞典斯德哥尔摩召开了世界历史上首次全球性的环境会议，通过了《联合国人类环境会议宣言》和《行动计划》；中国出席会议	达成了"我们只有一个地球"、人类与环境是不可分割的"共同体"的共识，标志着人类对环境问题认识的觉醒，也为推动世界各国保护和改善人类环境发挥了重要作用。会议把每年的 6 月 5 日定为"世界环境日"。 我国成立了国务院环境保护领导小组筹备办公室
1973	联合国环境规划署（UNEP）成立	中国成为其理事会成员国；加强与国际环境保护的合作
1973-8-5	第一次全国环境会议在北京召开	标志着我国环境保护这项造福子孙后代的千秋伟业工程的奠基；制定了《关于保护和改善环境的若干规定（试行草案）》，这是中国环境保护首个综合性的法规，成为新中国环境保护立法的起点，环境保护全国逐步开始发展起来。
1973~1977	对一些影响较大的污染源进行了详细调查	对工业开展"三废"的综合利用和对城市环境消烟除尘的治理
1973-11	国务院转批《关于保护和改善环境若干规定（试行草案）》	引入建设项目建立"三同时"（即环境保护设施必须与主体工程同时设计、同时施工、同时投产使用）的管理概念
1973	颁布了《工业"三废"排放试行标准》	我国历史上第一个环境保护标准
1974	成立环境保护领导小组	标志着中国环境保护机构建设的起步
1974	《关于治理工业"三废"，开展综合利用的几项规定》	逐步形成了以综合利用为重点，探索"三废"污染防治对策
1975-3	国务院第 45 号文件加强对自然保护区的管理与建设	成立新的保护区，1978 年我国已经建设了 34 个自然保护区

附表 3.3　改革开放到 1992 年中国生态文明建设一览表

类别	重要事件	意义
生态环境保护建设	1978 年建设三北防护林体系工程	森林覆盖率不断增加
	1980 年全国人大颁布《关于开展全民义务植树的决定》	把每年 3 月 12 日定为植树节
	1982 年国务院颁布《国务院关于开展全民义务植树运动的实施办法》	使植树造林、绿化祖国成为公民的法定义务，开展全民植树活动，使中国的国土绿化面积不断提高
生态环境国际合作建设	80 年代初中国开始实行严格的计划生育政策	中国减少 3 亿人
	1985 年我国参加了《防止倾倒废物及其他物质污染海洋的公约》	中国先后承认和参加了 29 项环境保护公约
	1989 年加入《保护臭氧维也纳公约》	
	1991 年加入《关于消耗臭氧层物质的蒙特利尔议定书》	
生态环境法制建设	1978 年 3 月 5 日五届人大一次会议通过《中华人民共和国宪法》	环境保护首次写入宪法，这为我国环境保护法制建设奠定了基础
	1979 年 9 月 13 日五届人大十一次会议通过《中华人民共和国环境保护法（试行）》	我国第一部环境保护的基本法律，标志着我国环境保护开始走上法制化轨道
	1982 年 2 月颁布《征收排污费暂行办法》	
	1982 年 12 月五届人大第五次会议进一步增加了环境保护内容	有利于环境保护事业的开展
	1989 年 12 月七届人大常委会第十一次会议通过了《中华人民共和国环境保护法》，以环境保护法为基础，先后制定和颁布了森林法、草原法、环境保护法、水法、大气污染防治法等与环境有关的 7 部环境保护实体法律	初步形成了我国环境保护法律体系的基本框架
生态环境管理建设	1973 年 8 月国务院召开了第一次全国环保会议	把环境保护提上国家管理议事日程
	1982 年 12 月五届全国人大第四次会议政府工作报告把防治污染和保护生态平衡作为国民经济发展 10 条方针之一，并在六个五年计划中提出坚决制止环境污染的加剧	使重点地区环境有所改善；从"六五"计划开始，环境保护纳入国民经济和社会发展规划的主要内容成为惯例
	1983 年 12 月第二次全国环境保护会议召开	环境保护成为基本国策
	1984 年 5 月国务院公布了《关于环境保护工作的决定》	明确提出了结合技术改造防治工业污染和改善城市环境，治理城市污染
	1985 年 5 月又发布了《关于加强环境保护工作的决定》	
	1989 年 4 月召开第三次全国环境保护会议	提出我国环境管理坚持预防为主、谁污染谁治理和强化环境管理三项政策，为以后的环境政策制度体系的建立奠定基础
	1990 年 12 月 5 日国务院颁布并实施了《国务院关于进一步加强环境保护工作的决定》	

续表

类别	重要事件	意义
环境保护组织建设	1974 年国务院成立环境保护领导小组	初步建立了环境保护组织体系
	1982 年环境保护小组改为城乡建设环境保护部环境保护局	
	1988 年成立了隶属于国务院的国家环境保护局；各地方政府也进行相应的环境保护机构的调整	
	1978 年 5 月中国环境科学学会成立，这是最早的政府部门成立的环保民间组织，随后中国相继成立中国水土保持学会、中国环境保护工业协会、中国环境新闻工作者协会等，环境保护工作队伍迅速发展	
环境保护教育建设	1973 年《环境保护》创刊	我国第一个环境期刊
	1980 年中国环境科学出版社成立	我国第一家专门出版环境图书的出版社
	1984 年 1 月《中国环境报》正式创刊	开展全方位环境教育活动
	1985 年 8 月国家和各地政府建立了环境宣传教育中心	
	1990 年我国有 80 多所高等院校设置环境学科和专业	形成了环境专业教育、青少年儿童环境教育、社会普及教育和环保部门在职人员培训的机制
生态环境科学技术建设	20 世纪 80 年代中国社会科学院系统、高等院校系统、国务院各部门系统、环境保护管理系统四大环境科学研究体系形成	全国范围内已形成初具规模、学科配套的环境科研系统
	1980 年中国与美国签订《中美环境保护科技合作协议书》	第一个国际环境技术合作协议

附表 3.4　1993～2002 年中国生态文明建设一览表

类别	重要事件	意义
生态环境保护	1995 年设立 50 个县一级生态示范区，到 2004 年 6 月共批准 528 个国家生态示范区试点；1999 年 3 月，国家环保总局批准海南省为全国第一个生态省试点，吉林省（1999 年）、黑龙江省（2000 年）、福建省（2002 年）先后成为生态省建设试点	初步形成生态文明建设整体思想
	2000 年 9 月 10 日，国务院下发《关于进一步做好退耕还林还草试点工作的若干意见》	还林后实行封山管护，还草后实行围栏封育
	2001 年国家林业局确立了六大林业重点工程——天然林资源保护工程、退耕还林还草工程、京津风沙源治理工程、"三北"和长江中下游地区等重点防护林体系建设工程、野生动植物保护及自然保护区建设工程和重点地区速生丰产用材林基地建设工程	将我国生态林业建设大大向前推进一步
	西部大开发战略中将生态环境建设和保护列为重点，搞好生态环境建设是西部大开发的必要前提和首要任务	
	1998 年夏季国务院全面停止长江中上游和黄河上游的天然林采伐，大规模封山育林，有计划、有步骤地退耕还湖、还林、还草	为母亲河保护树立了榜样

续表

类别	重要事件	意义
生态环境国际合作	1992 年 6 月 3 日第二次世界环境与发展会议召开,我国积极参与联合国主持下的国际环保运动,并签署了《里约宣言》《21 世纪议程》,随后我国加入《联合国气候变化框架公约》和《联合国生物多样性公约》两个国际公约,率先制定了《中国 21 世纪议程》,先后制定并实施科教兴国战略、可持续发展战略。以此为契机,中共中央办公厅、国务院办公厅转发了外交部、国家环保局《关于出席联合国环境与发展大会情况及有关对策的报告》,结合我国国情,提出了环境发展领域的 10 条对策和措施	
	1994 年中国制定了第一个国别的《中国 21 世纪议程》,实现人口、经济、社会、资源与环境相互协调发展,到 90 年代中期,党和国家把可持续发展上升为一项重大国家战略。2000 年联合国推动下 189 个成员国又通过了《千年宣言》,再次将环境保护问题纳入其中	
	1999 年中国参加和签署多边国际环境条约 59 项,双边环境保护协定 25 项,其他国际环境重要文献 30 多项。2000 年中国与 27 个国家签署 35 个双边环境保护合作协定、备忘录,15 个核安全与辐射合作协议	
生态环境法律建设	《自然保护区管理条例》《排污费征收管理条例》等 30 多件环境保护行政法规,以及 70 多件环境保护部门规章	生态环境保护纳入依法治理的轨道
生态环境建设力量	首先从政府层面来看,1988 年成立了隶属于国务院的国家环境保护局,1998 年升格为国家环保总局,2008 年正式成立环境保护部,成为国务院组成部门之一。 1996 年 9 月我国出台了《国家环境保护"九五"计划和 2010 年远景目标》。 1996 年 7 月,第四次全国环境保护会议召开。 国务院做出了《关于加强环境保护若干问题的决定》。 《污染物排放总量控制计划》和《跨世纪绿色工程规划》两大举措。 2000 年国务院印发了《全国生态环境保护纲要》。 2002 年 1 月,第五次全国环境保护会议召开	政府对于环境保护越来越重视 提出保护环境是实施可持续发展战略的关键,保护环境就是保护生产力; 明确了跨世纪环境保护工作的目标、任务和措施; 首次提出对生态环境的抢救性保护、强制性保护、"三区"生态保护的战略,标志着全国生态环境工作进入新的发展阶段; 提出环境保护是政府的一项重要职能
	从环境保护组织来看,由政府部门发起相继成立的环保民间组织有中华环保基金会、中国环境文化促进会、环保产业协会、野生动物保护协会等;各大高校学生环保社团和国际环保民间组织驻华机构数量不断增加;产生于 90 年代初的环境保护非政府组织即环境NGO。1990 年,中国成立中国环境保护产业协会、中国环境保护基金会等环保 NGO,1994 年 3 月北京成立 "自然之友",建立了中国文化书院绿色文化分院,1996 年成立著名的环保组织"地球村"和"绿色家园"	民间环保组织的出现与壮大,既是世界环保运动的潮流,也是社会文明进步的必然
	从公众参与层面来看,1991 年,我国实施了由亚洲开发银行提供资金的环境影响评价培训项目	首次提出了公众参与问题
	1996 年,国务院颁布《国务院关于环境保护若干问题的决定》	鼓励公众参与环境保护工作
	1996 年,《水污染防治法》和《噪声污染防治法》修改	

续表

类别	重要事件	意义
生态环境科技建设	1993 年 10 月，在上海召开第二次全国行业污染防治会议	明确清洁生产在我国工业污染防治中的地位
	1994 年 3 月通过《中国 21 世纪议程》	提出开展清洁生产和生产绿色产品，中国成立国家清洁生产中心
	1996 年 8 月，国务院颁布了《关于环境保护若干问题决定》	明确提出要提高技术起点，采用能耗物耗小、污染排放少的清洁工艺
	1997 年 4 月，国家环保总局发布了《关于推进清洁生产的若干意见》	要求地方环境保护部门将清洁生产纳入已有的环境管理政策
	1999 年 5 月，国家经贸委发布了《关于实施清洁生产示范试点的通知》	开展清洁生产示范试点
	2002 年 6 月，全国人大常委会审议通过《清洁生产促进法》	环境法制建设的里程碑

附表 3.5　2003～2012 年中国生态文明建设一览表

类别	重要事件	意义
生态环境保护	2003 年 1 月 20 日，《退耕还林条例》正式实施	政府向全国人民发出了"绿化西部，绿化祖国，再造秀美山川"的动员令
	2006 年 10 月 27 日国务院首次联合 7 部委举办中国自然保护区 50 周年纪念大会，全国建立自然保护区 2349 个，其中国家级的保护区 243 个	我国生态保护树立了里程性的丰碑
	植树造林、水土保持、草原建设等生态工程取得进展，长江、黄河上中游水土保持防治工程全面实施，重点地区资源保护和退耕还林成效显著，建立了一大批自然保护区、森林公园，生态农业示范区、试点示范稳步发展； 2012 年，全国已经有海南、福建、浙江、江苏、吉林、辽宁、山东、河北、安徽、河南等 15 个省份开展了生态省建设，超过 1000 个地区开展了生态县（市、区）的建设，其中有 12 座城市、10 个县、16 个市辖区先后获得国家生态市（县、区）称号，1559 个乡镇建设成为国家级生态乡镇。在这一时期，中国的生态建设实践不再局限于单纯的环境整治或生态示范，而是更加关注生态环境的综合保护与整体建设	
国际合作交流	2007 年我国公布《中国应对气候变化国家方案》	郑重向国内外提出中期减排目标
	2008 年我国又发表了《中国应对气候变化的政策行动》	全面介绍中国减排缓和气候变化的政策与行动
	2009 年，中国政府公布"落实巴厘岛路线图"的文件	
	十一届全国人大常委会通过了《可再生能源法》和《循环经济促进法》	积极响应气候变化的决议
	2010 年，中国加入 50 多个涉及环境保护的国际公约、2 个涉及加强核能利用监管的国际条约；在联合国环境规划署列出的 14 个具有普遍性的国际环境公约中，我国已经签署 13 个。我国还与 47 个国家签署双边环保合作文件，与 13 个国家签署双边核能安全合作文件	中国环保国际合作迅速发展，合作伙伴遍及全球，不断引进先进理念、技术与资金。合作范围涵盖污染防治、生态保护、核安全等主要领域

类别	重要事件	意义
生态环境法制建设	制定和修订了《防沙治沙法》《环境影响评价法》《水污染防治法》	
	2003 年 1 月，《清洁生产促进法》开始实行	
	2003 年颁布了《造纸工业水污染物排放标准》，2004 年颁布了《水泥工业大气污染物排放标准》，2005 年颁布了《啤酒工业污染物排放标准》，2006 年颁布了《煤炭工业污染物排放标准》，2008 年颁布了《生活垃圾填埋场污染控制标准》等；国家发展和改革委员会又会同有关方面制定了一系列配套法规	1996 年以来，国家制定和修改环境保护方面的法律法规 50 多项。到 2005 年，颁布国家环保标准 800 多项。这些法规的颁布实施，不仅意味着中国污染防治思路从"末端治理"向"源头防治"的飞跃，同时也从生产方式的角度标志着中国生态文明理念的提升
生态环境管理建设	把可持续发展放在突出位置；提出了"五个统筹"	提出了加快建设资源节约型、环境友好型社会
	十六届六中全会把生态保护作为实施可持续发展战略的举措	
	2005 年 12 月，国务院颁布了《关于落实科学发展观加强环境保护的决定》	
	2006 年 4 月，国务院召开全国第六次全国环境保护会议	把环境保护摆在更加重要的战略位置；实行建设项目环境预审制、环保"一票否决"等制度，还把资源消耗和生态环境保护指标纳入干部考核体系
	2007 年 12 月 31 日，国务院办公厅下发了《国务院办公厅关于限制生产销售使用塑料购物袋的通知》	实行塑料购物袋有偿使用制度
	2008 年 12 月，环保部下发《关于推进生态文明建设的指导意见》	各地因地制宜探索生态文明建设
	2009 年 11 月 25 日，温家宝主持召开的常务会议上，做出 2020 年我国碳排放强度下降 40%~45% 的承诺	
	公众参与环境影响评价增强，2003 年 9 月 1 日我国开始实施《环境影响评价法》	公民环境权利在一定程度上获得法律和政策上的认同，是促进中国民主进程的表现
	2006 年 2 月 14 日，国家环保总局颁布了《环境影响评价公众参与暂行办法》	不仅明确了公众参与环境评价的权利，而且规定具体范围、程序、方式和期限，有力保障了公众的环境知情权，有利于调动各相关利益方参与的积极性
	2009 年 8 月 12 日，国务院公布了《规划环境影响评价条例》	进一步明确了公众参与的法律效力
	中国共有 500 多个民间环保社团	
科学技术方面	2010 年，十七届五中全会通过的《中共中央关于制定国民经济和社会发展第十二个五年规划的建议》	科学技术的环保作用不断增强

附表 3.6　党的十八大以来中国生态文明建设一览表

类别	重要事件	意义
生态环境保护	2012 年党的十八大报告强调要把生态文明建设放在"突出地位";2013 年十八届三中全会进一步提出"加快建立生态文明制度,健全国土空间开发、资源节约利用、生态环境保护的体制机制"	政府向全国人民发出了"生态文明建设"的动员令
	2013 年 10 月,我国共开展了 6 批生态文明建设试点工作,有 138 个市(县、区)被确定为全国生态文明建设试点	在全国初步形成了梯次推进的生态文明建设格局
	2014 年 6 月,启动了生态文明先行示范区建设。将北京市密云县等 55 个地区作为生态文明先行示范区建设地区(第一批)	
生态环境管理建设	2013 年编制出台了《国家生态文明建设试点示范区指标(试行)》	通过生态经济、生态环境、生态人居、生态制度、生态文化 5 大体系 29 项指标系统性地指导全国的生态文明建设